国防科技大学惯性技术实验室优秀博士学位论文丛书

捷联式车载重力测量关键技术研究

Research on Key Technologies for Strapdown Ground Vehicle Gravimetry

于瑞航　曹聚亮　吴美平　蔡劭琨　著

国防工业出版社

·北京·

内容简介

本书基于国防科技大学自主研发的 SGA-WZ02 重力测量系统，针对捷联式车载重力测量关键技术方法展开研究。研究了车载重力测量基本原理，提出利用位置更新的方法进行车载重力测量数据处理；针对有 GNSS 观测条件下的车载重力测量，提出了改进 SINS/GNSS 重力测量数据处理方法以适应车载环境下的重力测量；探索验证了 PPP 技术用于车载重力测量的可行性；在无 GNSS 可用的条件下，提出了 SINS/VEL 重力测量方法进行数据处理，完成车载重力测量任务；提出了车载重力测量多源数据融合方法，对多传感器获得的测量数据进行综合处理。

本书对从事动基座重力测量的工程技术人员具有重要参考价值，也可作为高等学校导航技术和重力测量相关专业的教材。

图书在版编目(CIP)数据

捷联式车载重力测量关键技术研究/于瑞航等著．—北京：国防工业出版社，2020.5

ISBN 978-7-118-12041-7

Ⅰ．①捷…　Ⅱ．①于…　Ⅲ．①重力测量-研究　Ⅳ．①P223

中国版本图书馆 CIP 数据核字(2020)第 031281 号

※

国防工業出版社出版发行

(北京市海淀区紫竹院南路 23 号　邮政编码 100048)

北京龙世杰印刷有限公司印刷

新华书店经售

*

开本 710×1000　1/16　**印张** 9¼　**字数** 156 千字

2020 年 5 月第 1 版第 1 次印刷　**印数** 1—1500 册　**定价** 85.00 元

国防书店：(010)88540777　　发行邮购：(010)88540776

发行传真：(010)88540755　　发行业务：(010)88540717

国防科技大学惯性技术实验室
优秀博士学位论文丛书
编委会名单

序

大学之道，在明明德，在亲民，在止于至善。

——《大学》

国防科技大学惯性导航技术实验室，长期从事惯性导航系统、卫星导航技术、重力仪技术及相关领域的人才培养和科学研究工作。实验室在惯性导航系统技术与应用研究上取得显著成绩，先后研制我国第一套激光陀螺定位定向系统、第一台激光陀螺罗经系统、第一套捷联式航空重力仪，在国内率先将激光陀螺定位定向系统用于现役装备改造，首次验证了水下地磁导航技术的可行性，服务于空中、地面、水面和水下等各种平台，有力地支撑了我军装备现代化建设。在持续的技术创新中，实验室一直致力于教育教学和人才培养工作，注重培养从事导航系统分析、设计、研制、测试、维护及综合应用等工作的工程技术人才，毕业的研究生绝大多数战斗于国防科技事业第一线，为"强军兴国"贡献着一己之力。尤其是，培养的一批高水平博士研究生有力地支持了我军信息化装备建设对高层次人才的需求。

博士，是大学教育中的最高层次。而高水平博士学位论文，不仅是全面展现博士研究生创新研究工作最翔实、最直接的资料，也代表着国内相关研究领域的最新水平。近年来，国防科技大学研究生院为了确保博士学位论文的质量，采取了一系列措施，对学位论文评审、答辩的各个环节进行严格把关，有力地保证了博士学位论文的质量。为了展现惯性导航技术实验室博士研究生的创新研究成果，实验室在已授予学位的数十本博士学位论文中，遴选出 12 本具有代表性的优秀博士论文，结集出版，以飨读者。

结集出版的目的有三：其一，不揣浅陋。此次以专著形式出版，是为了尽可能扩大实验室的学术影响，增加学术成果的交流范围，将国防科技大学惯性导航技术实验室的研究成果，以一种“新”的面貌展现在同行面前，希望更多的同仁们和后来者，能够从这套丛书中获得一些启发和借鉴，那将是作者和编辑都倍感欣慰的事。其二，不宁唯是。以此次出版为契机，作者们也对原来的学位论文内容进行诸多修订和补充，特别是针对一些早期不太确定的研究成果，结合近几年的最新研究进展，又进行了必要的修改，使著作更加严谨、客观。其三，不关毁誉，唯求科学与真实。出版之后，诚挚欢迎业内外专家指正、赐教，以便于我们在后续的研究工作中，能够做得更好。

在此，一并感谢各位编委以及国防工业出版社的大力支持！

吴美平

2015 年 10 月 9 日于长沙

前　言

精确测定地球重力场对于研究地球科学、推动国民经济发展、支撑国防建设具有非常重要的意义。作为获取高精度重力数据的一种有效手段，车载重力测量由于其具有速度较慢、灵活机动的特点成为近些年的研究热点。研究并突破以车辆为载体的捷联式重力测量关键技术，将为我国重力普查和精细化重力场建设发挥重要作用。

本书基于国防科技大学自主研发的SGA-WZ02重力测量系统，针对捷联式车载重力测量关键技术方法展开研究。为了提高车载重力测量精度，在推导重力测量误差模型的基础上，结合不同实际试验环境，从有GNSS条件和无GNSS条件以及多源数据融合的车载重力测量等几个方面进行了研究，主要研究成果归纳如下：

(1) 对车载重力测量基本原理开展了研究，提出利用位置更新的方法进行车载重力测量数据处理，推导了车载重力测量数学模型并对其进行误差分析，为了评估车载重力测量结果，给出了常用的重力精度评估方法。

(2) 针对有GNSS观测条件下的车载重力测量，提出了改进SINS/GNSS重力测量数据处理方法以适应车载环境下的重力测量。通过对不同条件下GNSS的对比和定量分析，提出了车载环境下GNSS数据异常检测与修复方法，利用改进的SINS/GNSS重力测量方法对车载试验进行处理，试验结果表明，改进SINS/GNSS重力测量方法可以得到较高精度和分辨率的扰动重力结果，验证了该方法用于车载重力测量的有效性。

(3) 探索验证了PPP技术用于车载重力测量的可行性。将PPP技术计算的GNSS结果用于车载重力测量数据处理，实测结果表明，在GNSS观测环境理想的条件下，PPP方法可以得到与差分GNSS方法精度相当的重力结果。

(4) 在无GNSS可用的条件下，提出了用SINS/VEL重力测量方法进行数据处理，完成车载重力测量任务。试验结果表明，在测量环境理想、试验开展平稳的条件下,采用 SINS/VEL 重力测量方法可以得到与 SINS/GNSS 重力测量方法精度相当的重力结果。在一些 GNSS 观测条件不佳的试验中,对比发现 SINS/VEL 重力测量方法得到的结果略优于 SINS/GNSS 重力测量方法,说明 SINS/VEL 方法在一些特定车载环境中具有独特的优势。SINS/VEL 重力测量方法的提出,可以摆脱车载重力测量对 GNSS 的严重依赖,拓宽车载重力测量应用范围。

(5) 提出了车载重力测量多源数据融合方法,对多传感器获得的测量数据进行综合处理。分别运用 SINS/GNSS 和 SINS/VEL 重力测量方法得出的结果,采用位置修正和交叉对比方法,探索得到了更优的车载重力测量结果。提出了用 SINS/GNSS/VEL 车载重力测量集中式滤波方法和联邦滤波方法对车载测量的多源数据进行处理,提高了车载重力测量的精度。

本书的出版得到了国防工业出版社和国防科技大学惯性技术实验室“优秀博士学位论文丛书”的支持,在此表示感谢!

限于作者水平和本书涉及知识面的宽广性,书中难免存在不足之处,恳请广大读者批评指正。

作　者

2019 年 10 月

目　录

第1章 绪　　论

人类的一切生产生活活动,均与重力场有着非常紧密的联系。地球重力场作为重要的地球信息资源,对于研究地球科学具有非常重要的意义[1-4]。

1.1 研究背景和意义

地球重力场描述了地球的基本物理特征之一,精确测定地球重力场对于深入研究地球科学、推动国民经济发展、支撑国防建设具有非常重要的意义。

地球重力场的精确测定,可以为地球科学的相关领域研究提供基础信息来源。在地球物理学中,重力场作为地球物理学的基本概念,对研究地球内部物质分布、解释地球的形成与发展提供基础信息;在大地测量方面,地球重力场用于量测和描绘地球表面,确定地球形状和高程基准,在精细化大地水准面中发挥重要作用[5];在地球动力学中,重复长时间观测的重力信息对于认识地球的过去、现在和未来的发展演变具有重要的参考意义。

地球重力场的精确测定,为资源勘探、灾害预测提供重要参考。高精度的重力场信息是国家基础信息资源库的重要组成部分,我国的国民经济建设对地球物理和重力测量的需求十分迫切。在资源勘探中,重力勘探以其快速、轻便、高效的特点,在油气勘探、矿产普查中起到重要作用,成果丰硕。随着重力普查工作在全国的展开与深入,具有空间和时间属性的重力数据作为重要参考信息在地震预报、工程地质等方面发挥着越来越大的作用。

地球重力场的精确测定,为发展国防科技、维护国家安全提供重要战略支撑。作为一项基础的国家战略资源,大区域重力场的建设对国防科技的发展起到了重要的支撑作用。导弹的发射、卫星的入轨以及水下战略潜艇导航等方方面面,都离不开高精度重力场信息的数据支撑,而这些尖端国防科技的发展也为维护国家安全、维持国际国内良好发展环境起到了重要的保障作用。

正是由于地球重力场在研究地球科学、推动国民经济发展和保障国家安全领域的基础性和战略性作用,2013 年 2 月 23 日,在国务院印发《国家重大科技基础设施建设中长期规划(2012—2030 年)》(以下简称《规划》)的通知中,“地球系统与环境科学领域的精密重力测量研究设施建设”作为“优先安排 16 项重大科技基础设施建设”之一赫然在列。《规划》提出，要建设精密重力测量研究设施，获取高分辨率、高精度地球质量变化基础数据，支撑固体地球演化、海洋与气候变化动力学、水资源分布和地质灾害规律等研究，满足国家安全、资源勘探和防灾减灾的战略需求。为我国未来重力测量设备的研制和重力场数据的研究，提供重要的理论支持和行动指南。

目前，地球重力场的测量手段主要有卫星重力测量、海空重力测量以及地面重力测量等[6]。卫星重力测量经过几十年的发展，全球的重力场精度和分辨率有了较大提升，但却无法测定高分辨率、高频重力场数据，获取的中长波段重力信息在大陆近岸和局部精细化重力场等方面难以达到理想水平。

海洋和航空重力测量主要是将重力仪安装在轮船或飞机上，在运动载体中进行的连续重力测量[7]。船载海洋重力测量可以采集大范围的、较高频段的海洋重力场信息，但较慢的航行速度导致重力测量效率低下，对海陆交界的滩涂地区和浅海区域的测量难度较大。航空重力测量近年来迎来快速发展，可以在一些人迹罕至的沙漠、沼泽、极地、森林等特殊区域快速、机动地获取大面积、精度良好的重力数据信息，被认为是获取高精度、中高分辨率重力场信息的有效手段之一。

地面重力测量按照测量物理量的不同，可以分为地面静态绝对重力测量和动基座相对重力测量。车载重力测量是将重力测量设备安装在汽车上，通过试验车在路面行驶开展重力测量试验，与航空和海洋重力测量类似，属于动基座相对重力测量的范畴。车辆沿着地球表面的道路行驶，较慢的运动车速和机动灵活的重力测量实施方式为精细化区域重力场信息提供了较好的选择。一般地，重力测量系统越靠近地球表面，不同频段的重力信息会越丰富。考虑到重力场的能量分量(特别是短波部分)随着海拔的降低而逐渐增强，重力信号信噪比在地面重力测量系统中会得到提高。

相比于航空重力测量，车载重力测量在确定大地水准面上具有独特的优势。航空重力测量测得的是在航线高度的重力数值，大地重力学重点研究地面重力问题，需要将空中的扰动重力向下延拓至地面或大地水准面，而重力数据的向下延拓过程有其自身的问题和困难[8-13]。如果可以直接在地面进行测量，就可以省去航空重力数据向下延拓这一环节，既能避免计算扰动重力向下延拓过程中的误差，又能直接提高地面重力测量的精度。

车载重力测量的实现，可以显著提升重力加密测量效率。目前进行地面重力测绘的主要手段是采用地面重力仪静态单点测量的方式，在每个测量点需要将重力仪设备落地、调平，进行 5~10min 的静态测量，测量完成后再将重力仪及辅助设备搬到车上，前往下一个测量点，重复相同步骤开展作业。对于一个可以采用车载动态方法进行测量的 100km×100km 测区，建立±3mGal 的重力场模型需要沿测区内部公路及两侧布设数百个重力点，单个作业组如果采用地面静态相对重力仪作业方式，至少需要一两个月时间才能完成。而采用捷联式车载重力仪，可实现不停车重力连续测量或快速定点停车测量，大大提高地面重力测量的效率。按一个 100km×100km 测区内测线道路总长度 500km 计算，完成标量重力测绘任务只需要 5～10 天，效率显著提升。对于需要在大面积、大范围区域开展作业任务的单位，车载测量方式将为重力加密测量提供巨大的便利。

我国开展重力测量和重力场建设的研究起点较低、时间较晚，与西方发达国家在理论研究、仪器研发和数据处理等方面均存在较大差距。由于我国幅员辽阔、地形复杂，全国范围内的重力测量工作开展起来比较复杂，不仅有大面积的重力测量空白区，区域高精度的重力场建设也面临严峻形势。国外商用的重力仪系统十几年前已经问世，并已经在全球各地开展了大规模的重力测量作业，我国开展重力测量设备研制和技术研究已经刻不容缓。车载重力测量作为一种便捷、低成本、高效率的动基座重力测量方式，逐渐引起广大学者的兴趣和注意。由于车载重力测量本身面临许多难以克服的难题与困难，致使我国车载重力测量技术的发展比较缓慢，远远无法满足精细化区域重力场测量的需求。因此，研究并突破车载重力测量关键技术，对于加快和完善我国区域化重力场建设具有非常重要的意义。本书将重点针对捷联式车载重力测量开展研究工作，探索一种适用于车载重力测量的有效方法，既可以在理论上实现重力数据的高精度测量，又可以在实践中便捷高效实施重力测量作业以达到预期测量要求，为推动车载重力测量技术的发展提供理论指导和实践支撑。

1.2　车载重力测量国内外研究现状

总体来说，西方国家在动基座重力测量技术上，研究早、发展快，作为动基座重力测量的主要手段之一，车载重力测量与航空重力测量和海洋重力测量一样，在全球重力测量中发挥重大作用。随着区域重力场精细化需求的提出，车载重力测量将迎来快速发展阶段。

1.2.1　动基座重力测量设备国内外研究现状

1.2.1.1　国外重力仪研究现状

自 20 世纪开始，动基座重力测量的概念就开始提出，不同于静态重力测量,动基座重力测量的基本原理是从重力仪测得的比力信息中扣除载体运动加速度,经过一系列的误差修正,最终得到所需重力信息[14]。动基座重力测量从最初基本概念的提出到拥有成熟的商用产品,经过了半个多世纪的发展,现已初具规模、方兴未艾。这其中的发展历程大致可以分为以下几个阶段。

1) 原理探索阶段

最早的重力测量设备出现在 20 世纪 30 年代的船载海洋重力测量中,Haalck 用气压式海洋重力仪将原先±30mGal 的重力测量精度提升到±5mGal 的水平[14]。虽然该设备耗费巨资、体积庞大、精度较差,但它标志着人类开启重力测量事业的大幕,具有深远的里程碑意义。从此以后,多种海洋重力仪开展了多次船载重力测量试验,获得了一定精度的重力测量结果[7]。受船载海洋重力测量启发,美国空军于 1958 年将 LaCoste & Romberg(LCR)型海洋重力仪装上飞机,从此开启了航空重力测量的探索征程。从此以后,研究人员不断探索研究,相继开展了多次海洋重力测量、搭载海洋重力仪以及直升机悬停的航空重力测量和地面车载重力测量等多种形式的试验。

这个时期动基座重力测量受限于当时的导航定位差、器件精度低、分离载体加速度方法不佳等客观因素和技术水平,很难达到资源勘探和地质调查的精度要求[7]。

2) 平台式重力仪发展成熟阶段

平台式重力仪主要分为两种:一种是基于双轴稳定平台的重力仪,这种重力仪通过双轴反馈回路上的加速度计传感器和陀螺敏感姿态,保持对水平方向的跟踪,从而将重力传感器敏感轴保持在垂直方向;另一种是基于三轴平台惯导系统的重力仪,这类重力仪系统利用三轴稳定平台,将重力传感器的敏感方向稳定在当地地理系下。

基于双轴稳定平台的重力仪典型代表有美国的 LCR 海空重力仪、BGM 重力仪,德国的 KSS 海空重力仪和俄罗斯的 Chekan-AM 重力仪(图 1.1)。

LCR 公司 1965 年成功生产了第一台平台式重力仪,使得重力测量可以在运动的轮船、汽车和飞机上实现,该重力仪的诞生在地球物理勘探领域中具有重要的历史意义[15]。在今后的几十年 LCR 公司历经多次重组整合,陆续推出多款重力仪,如 TAGS(Turnkey Airborne Gravity System)海/空重力仪、ZLS(Zero-Length Spring)动态重力仪等。这些重力仪均以零长弹簧为基础,经过电子技术、稳定平台和数据软件的统一集成,逐渐成熟并在多个研究单位包括美国海洋研究实验室(NRL)、德国波茨坦地学研究中心(GFZ)、丹麦国家测量与地政局(KMS)等得到成功应用。该型重力仪先后在南极、北极、格陵兰岛等地区参与了大量作业和试验研究,取得了丰硕成果[16-33]。目前,LCR 海空重力仪已经

(a) LCR 重力仪　(b) BGM-3 重力仪

(c) 德国 KSS-31 型重力仪　(d) Chekan-AM 重力仪

图 1.1 代表性的平台式重力仪

成为获取高精度中、低分辨率重力场数据的成熟产品。

BGM 重力仪由 Bell 公司研制生产，自第三代 BGM-3 重力仪问世以来，依托美国海军军舰和科考船开展了大量重力作业任务，已成为业界公认的代表性海洋重力测量系统[34]。该系统采用加速度计取代传统的零长弹簧重力传感器，计算机对稳定平台实现自动控制，测量范围达到±5000mGal，月漂移仅有1.2mGal[35,36]。据报道，该重力仪也参与过航空重力测量试验，如哥伦比亚大学于1990年在长岛地区开展的飞行试验，获取了5km空间分辨率下2.7mGal测量精度的重力数据[37]。

KSS 重力仪由德国 Bodensee Gravitymeter 公司研发生产，KSS-31 是其代表性重力仪产品，该重力仪主要由包含重力传感器的陀螺双轴稳定平台和控制系统组成，主要用于海/空重力测量，经过平台控制、传感器密封性、数据采集的一系列改进升级，重力仪漂移可以达到1.1mGal/月，静态测量精度优于0.01mGal[38]，近年来仍有关于该型重力仪的长期漂移特征与动态性能的研究报道[39-41]。

Chekan-AM 重力仪由俄罗斯惯性技术科学中心研制开发，由双轴稳定平台、双石英弹簧系统的重力传感器以及配套设备组成，核心部件区域的温度由于采用专门的温度控制模块,温控水平在 0.1℃左右。Chekan-AM 动态测量范围大(超过 15Gal),这使其可以在全球范围内搭载不同载体开展重力测量任务[42-46]。2007 年,Chekan-AM 重力仪在德国同步开展飞行试验和车载试验,利用该地区丰富的地面重力数据评估该重力仪性能,结果表明该系统具有较高的精度和分辨率。截至目前,该系列重力仪在全球范围内开展的飞行测量任务超过 200 个,飞行测试距离超过 100 万 km[47]。

上述四种重力仪都是基于双轴阻尼稳定平台的基本原理,自诞生开始后经过不断升级改进,目前双轴稳定平台的重力测量技术已逐渐走向成熟,普遍适用于大范围的海/空重力测量需求,为早期的动基座重力测量发挥了重要作用。但由于其双轴平台尺寸较大、造价昂贵,未见有安装于车上开展地面重力试验的报道。

随着惯性技术不断发展,基于三轴平台惯导的重力测量系统自 20 世纪 90 年代开始得到快速发展并成功实现商业化运营[48],其中最具代表性的有加拿大 Sander 地球物理公司的 AIR Grav 航空重力测量系统和俄罗斯重力测量技术公司的 GT 重力仪。

AIR Grav 航空重力测量系统由加拿大 Sander 公司于 1992 年开始研制开发,经过 5 年攻关成功问世[49](图 1.2)。该系统的三轴稳定平台采用三个加速度计和两个陀螺取代零长弹簧,对稳定平台舒勒调谐控制后的水平姿态控制精度可以达到 10",这有利于将载体机动对系统测量精度的影响降到最低。自 1999 年实现首飞以来,该设备帮助多家客户开展了石油勘探、地质调查的重力测量商业运营服务[50-52]。2007 年,LCR、BGM-3、GT-1A 和 AIRGrav 多型号重力仪同机开展了一次对比试验,结果表明 AIR Grav 的精度和分辨率优于 LCR 和 BGM-3 重力仪,与 GT-1A 精度相当,目前该系统典型测量精度为 0.15~

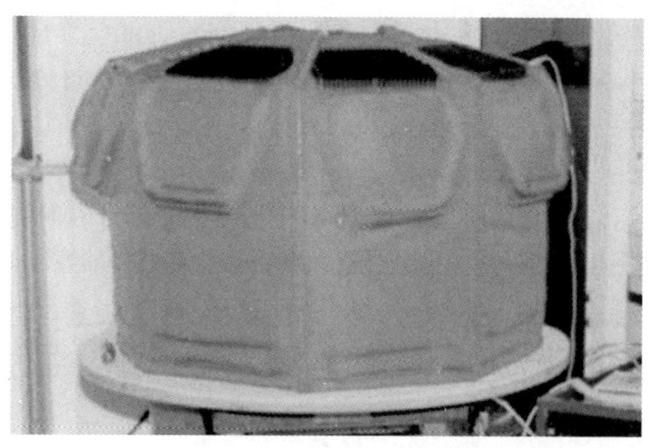

图 1.2 AIR Grav 航空重力测量系统

0.3mGal,对应的空间分辨率为2~4km[53]。

GT系列重力测量系统由俄罗斯GT公司研制开发(图1.3),基本原理与AIR Grav相似,通过舒勒调谐三轴平台将重力传感器稳定在当地地理坐标系下,随着对系统的不断升级和改进,最新的型号有GT-2A航空和GT-2M海洋重力仪,全球范围超过20万km的测量数据表明,该系列重力仪测量精度可以达到0.3~0.6mGal,对应分辨率为2.0~3.5km[54,55]。

图1.3 GT系列重力测量系统

总结来说,平台式重力仪技术成熟、精度较高,多款重力仪广泛应用于资源勘探、地质调查等领域,实现商业应用。但是这类重力仪均由于体型庞大、质量较重及经济效益等原因,很少用于车载重力测量。

3)捷联式重力测量系统提出与发展阶段

平台式重力仪发展的同时,捷联式重力测量技术也在不断探索和发展,特别是在20世纪90年代,捷联式重力测量核心技术不断突破。基于捷联惯导系统的重力仪采用“数学平台”取代笨重的机械平台,结构简单、体积轻便、操作便捷,捷联式重力测量技术迅速引领新的研究潮流。此外,捷联式重力测量系统不仅可以进行标量重力测量,也可以用敏感垂线偏差信号实现矢量重力测量[56]。国外成功研制的捷联式重力测量系统主要有加拿大Calgary大学的SISG(Strapdown Inertial Scalar Gravimetry)、Intermap公司的AIGS(Airborne Inertial Gravimetry System)[57]等。

SISG由Calgary大学K. P. Schwarz教授率队研发[58-66],采用霍尼韦尔公司Laseref Ⅲ型激光陀螺捷联惯导系统,相比平台式重力仪整个系统做了大幅精简。自1995年第一次开展飞行试验以来,该系统不断改进,精度可以达到1.5mGal/2.5km,达到同时期平台重力仪相当的测量水平。遗憾的是,随着Schwarz教授的退休,课题组改换研究方向,相关报道中再未见此项目的进一步进展[67]。

AIGS采用Honeywell公司H-770捷联惯性导航器件,全套系统由加拿大

Intermap 公司研制。该系统在北美多地开展了航空试验,结果表明,系统重复线测量精度为 1~2mGal,交叉点不符值在 2mGal 以内。

美国 Ohio 大学 Jekeli 教授从 1992 年开始捷联式航空重力矢量测量研究[68],起初的试验选用热气球为载体[69],验证了高精度 SINS 用于航空重力测量的可行性,并指出当前主要技术难点在于动态加速度的计算精度比较有限[70]。值得一提的是,在 2005 年 4 月、6 月期间,Ohio 大学 Li Xiaopeng 在美国 Montana 地区开展了多次基于 SINS/DGPS 的车载重力测量试验,在系统正常工作的情况下,扰动重力垂向精度优于 1mGal[71-73]。这是目前国外关于车载重力测量报道中,试验描述最详细、试验结果最理想的一次记录。

1.2.1.2 国内重力测量系统研究现状

我国自 20 世纪 60 年代开始海洋重力仪的自主研发,80 年代末才开始航空重力实质性研究工作,受限于基础薄弱与国外技术封锁,我国重力测量水平整体上与国外差距较大[74]。近年来随着资源勘探、地质调查需求的不断增加和国家政策导向作用与相关科研经费的增加,重力测量相关核心技术不断突破,重力测量某些领域已经接近世界先进水平。我国重力测量发展主要可分为以下几个阶段。

1) 探索阶段

1960 年,原国家地质部成立第一支海洋地球物理勘探队伍,从此开启了海洋重力测量的序幕。1963 年,中国科学院地球物理研究所研制成功我国首台海洋重力仪,命名为 HSZ-2;1981 年,ZYZY 摆杆式海洋重力仪通过技术鉴定,测量精度接近德国 KSS-5 型重力仪;1988 年,中国科学院测地所成功研制 CHZ 型海洋重力仪,同船测试比对表明与美国重力仪报道的精度相当[7]。另外,CHZ 重力仪搭载国产 Z-8 直升机开展空中悬停重力测量试验,不同高度悬停测量重力值并与地面参考数据进行比对,标准差约为 2.3mGal。

2) 设备进口与集成改进阶段

进入 21 世纪,国内开展重力测量的主要有西安测绘研究所、国土资源航空物探遥感中心等单位,采用“核心部件国外引进、系统外围国内集成”的方法,成功研发适用于实际应用需求的重力测量系统。

2002 年,西安测绘研究所在引进 LCR 重力仪基础上,成功研制出我国首套航空标量重力测量系统 CHAGS,并于 2002—2003 年开展了大量飞行试验。试验结果表明,该设备在山区的测量精度优于 5mGal,平坦地区交叉点不符值约为 3mGal,半波长分辨率 9km。2007 年,西安测绘所完成第二套 CHAGS 系统集成,稳定性和测量精度均得到进一步提升[75-77]。目前两套系统已交付测绘单位,近年来开展大量的重力测量任务结果表明系统可以基本满足大地水准面测量的应用需求,但是对适应资源勘探的高精度测量需求来讲还有一定差距[78]。需要指出的是,作为国内首台集成改进成功应用的重力测量系统,CHAGS 不论从硬件系统集成融合还是软件应用数据处理等方面,均为我国重力测量设备的自主研发积累了宝贵经验。

2007 年,航空物探遥感中心引入 GT-1A 重力仪,通过借鉴吸收和配套开发,逐步集成出具备国际先进水平的、满足勘探应用需求的重力测量系统。近年来,航空物探遥感中心在数据采集、误差改正方法的研究上取得了丰硕成果,继续引入 GT-2A 型重力仪系统,之前 GT-1A 系统也进行硬件和软件方面的全方位升级,地质调查和勘探的工作进一步展开,目前已完成超过十几万千米的测试飞行任务,设备的典型测量精度为 0.6mGal/3km。

另外,我国台湾交通大学利用引进的 LCR-Ⅱ型海空重力仪,于 2005 年对全岛和周边海域进行了多次航空重力测量试验,重力测量精度为 2~3mGal/6km[79,80]。同样,在台湾有研究者采用路基重力测量的手段尝试寻找地下水资源,结果表明该方法在资源勘探方面具有一定的可行性[81]。

总结这一时期国内重力测量发展情况,各作业单位主要以引进国外成熟产品辅以集成开发,为今后研制重力仪积累了宝贵经验,但是核心技术仍然不足,受制于人、技术封锁的情况依旧存在。

3) 自主研发创新阶段

随着日益增长的地质调查和资源勘探需求,国家优先安排精密重力测量等 16 项重大科技基础设施建设中长期计划的政策导向,再加上惯性器件制造技术的不断发展进步,不论从硬件还是软件方面,我国都具备了自主研发重力测量设备的技术基础,多家国内科研机构和单位相继开启重力仪研发工作,突破多项核心技术,极大地推动了重力仪自主研发进程。

2007 年,依托国家“863”计划、“航空地球物理勘查技术系统”重大专项的支持,国防科技大学成功研制出国内首套具有自主知识产权的捷联式航空重力仪 SGA-WZ01 系统,如图 1.4 所示。

基于 SGA-WZ01 捷联式重力仪,国防科技大学开展了多次试验,在 2009—2012 年开展飞行测试几十余架次,总测线里程超过 4 万 km,累计工作时间超过 10000h[82,83]。在这些试验中,有采用内符合精度衡量指标来检验设备的稳定性试验,也有同机搭载国外成熟航空重力仪的比对试验;有航空飞行试验、船载海洋试验,也有车载重力测量试验。综合该系统参与的多次试验取得的重力结果,与业界公认的 GT-1A 重力仪相比,SGA-WZ01 系统有着较好的一致性,重复线测量精度优于 1mGal,系统长时间工作稳定,可以实现无人值守[84-86]。

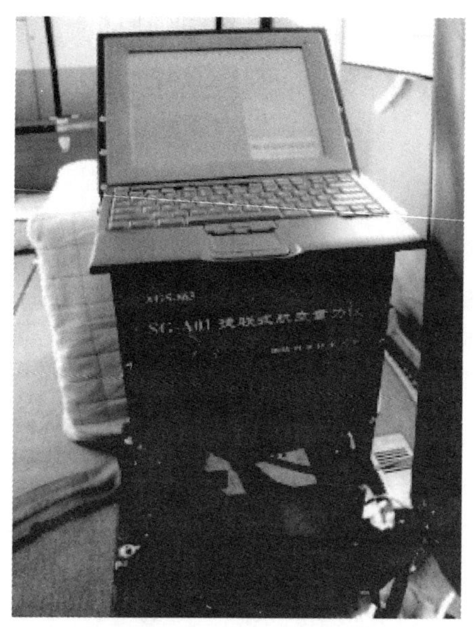

图 1.4　捷联式航空重力仪 SGA-WZ01 原理样机

在国家十二五“863”计划的继续支持下，国防科技大学从优化系统稳定性、环境适应性和设备小型化的角度出发，重新设计新一代捷联式重力测量系统，2014 年成功研制新一代捷联式重力仪 SGA-WZ02 系统（图 1.5(a)）。该设备研制成功后，在不同搭载平台、不同试验区域开展了多次重力测量试验，取得丰硕成果[87-89]。

为了进一步提高系统稳定性和测量精度，国防科技大学于 2016 年成功研制了第三代捷联式重力仪 SGA-WZ03 系统（图 1.5(b)）[90]。大量的航空试验、海洋试验和车载试验表明，该系统工作稳定，测量精度较高。在 2016 年 8-10 月新疆哈密航空重力测量试验中，测量精度可以达到 0.6mGal/3km。

受益于国家政策倾斜与不断增长的重生产作业需求，国内多家单位也开展了相关研究。2008 年以来，作为最早开展重力测量和重力仪研制的单位之一，中国科学院测地所开始 CHZ 型重力仪的恢复与重建工作，通过国家重大仪器开发专项的支持，正式开启海空重力仪的研制工作[91]。中国船舶重工集团有限公司 707 所在原有技术基础上，开展了 GDP-1 型海洋重力仪研究，该系统采用与俄罗斯 Chekan-AM 类似的双轴稳定平台控制系统，在海洋重力测量中取得了较好的研究成果[92,93]。中国航天科工集团有限公司 303 所依托自身平台惯导研究基础优势，着力研制三轴平台惯导式重力仪，取得了一定成果。北京航天控制仪器研究所充分发挥自身优势，将激光 SINS 进行相应软硬件改进，实

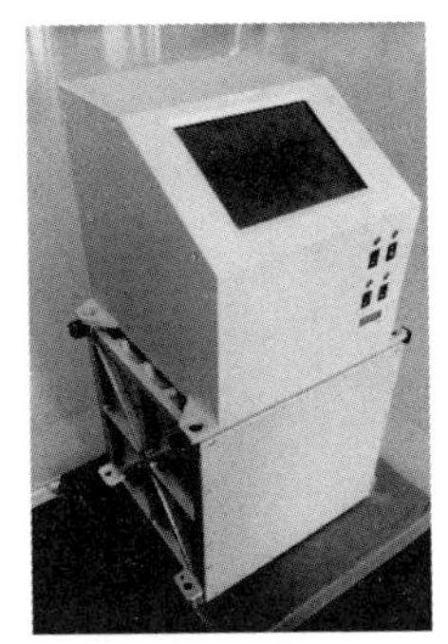

(a) SGA -WZ02捷联式重力仪

(b) SGA-WZ03捷联式重力仪

图1.5 SGA-WZ02和SGA-WZ03捷联式重力仪

现兼具导航及重力测量等功能的一体式航空重力仪样机,测试与试验表明该设备可以用于动态重力测量[94-96]。

4) 国内外重力测量设备研究小结

从国外目前公开的文献中可知,多个国家、多个研究机构研发的多种型号不同原理的重力仪均以海洋重力测量和航空重力测量为主,有关车载重力测量的报道比较少。这其中可能有以下几个原因:一是在开展动基座重力测量的初期,为了大面积、高效率测量重力场信息,研发的重力仪依托轮船和飞机的测试可行性较高、经济效益较好;二是在测线规划与试验环境方面,海洋和航空重力测量更加理想;三是在数据处理方面,车载重力测量相比海空重力测量有着更多的限制条件与不利因素。

国内动基座重力测量设备和技术从无到有,经历了探索试验、引进消化吸收和自主创新研发几个阶段,经过几十年不断积累,重力测量设备研发与相关技术得到快速发展,海洋、航空重力测量均开展了大量试验,获取了大量有价值的数据。车载重力测量在海洋、航空重力测量的带动下,也已经进入发展快车道,未来广阔的应用前景需要车载重力测量相关技术得到突破和发展。

另外,通过分析可以发现,捷联式惯导系统的重力测量系统近年来发展迅速并且依旧具备广阔的发展前景。捷联式重力仪具有体积小、质量轻、成本低、可靠性高等诸多优点,这些优点使得捷联式重力仪可以安装于多运动平台如小飞机、无人机、车辆、轮船上,而且会使综合集成重力、磁力、遥感测绘等多系统于一体成为可能,这将为未来一体化测绘提供重要的借鉴参考,提高测绘作业效率。客观来说,我国关于重力测量设备和相关技术的研究仍然相对国外比较落后,对车载重力测量关键技术也缺少全面的分析与总结。

1.2.2 车载重力测量关键技术研究现状

相比于海洋重力测量和航空重力测量相比，车载重力测量有其独特的特点。首先，车载环境复杂、干扰大。飞机上天、轮船下海，操作视野宽阔，信号不受阻拦，GNSS 的观测条件比较理想；车载情形，周边山丘地形和路旁树木对车载 GNSS 观测环境造成很大影响，GNSS 信号的频繁遮挡给 GNSS 定位带来很多计算误差。其次，车辆行驶受公路限制影响较大。航空重力测量与海洋重力测量，事先规划测区位置、航线，空域申请、海域申请使得整个测量过程无其他飞行器或轮船的干扰；车载重力测量，如何在来往方向都有车辆的路上保持匀速的测量行驶状态，这对驾驶员来说是一个巨大的挑战。车载重力测量涉及的关键技术有高精度比力测量技术、车载环境下的 GNSS 应用技术以及车载重力测量作业时的步骤操作等。

1.2.2.1 车载重力测量中的比力测量技术

直接求差计算法的基本原理是通过 SINS 测量得到比力，由外部观测设备计算得到载体加速度，将二者求差获得扰动重力信息。由此来看，比力信息的精确计算在车载重力测量中非常重要。在采用捷联式惯导系统计算比力的过程中，由加速度计测量出体坐标系三个轴向的比力，再投影到当地地理坐标系。由于惯性器件的误差随时间增长，造成 SINS 的姿态测量误差随时间增大。比力测量的误差主要受重力传感器测量误差和姿态测量误差影响，因此想要获得高精度的比力测量信息，还需要对提高重力传感器性能以及姿态测量结果的高精度保持与计算的方法进行深入研究。

对于标量重力测量来说，姿态误差对重力测量精度影响较小，重力传感器即加速度计的测量误差是造成重力测量误差的主要误差源[97]。一种方法是采用高精度、高分辨率的加速度计传感器，这是提高重力测量精度的直接方法。随着加速度计制作工艺的不断提高以及数据采集技术的不断成熟，目前出现了多种类型、不同原理的加速度计。另一种方法是在现有加速度计的基础上，通过采用高精度温度控制技术，将加速度计的工作测量环境维持在相对稳定的温度条件下，这种精密温控技术可以很大程度上减小加速度计随机零偏随温度变化的影响，从而提高比力测量的精度。加拿大卡尔加里大学的 SISG 系统采用 QA2000 型石英挠性加速度计，通过尝试采用对加速度计随机零偏建模的方式补偿比力测量误差[60]。国防科技大学 SGA-WZ01 重力测量系统采用精密温控技术，把重力传感器加速度计进行高精度温度控制，以减小温度变化对惯性器件随机零偏的影响，取得了很好的效果[84]。

1.2.2.2　车载重力测量中 GNSS 的应用

车载重力测量试验中，GNSS 扮演着极为关键的角色，一旦其出现定位方面的问题，将直接影响重力测量结果的计算。但在目前的车载重力测量中，GNSS 的观测环境受到严重挑战，主要表现：①载体运动加速度的计算精度由于 GNSS 观测环境的变差而降低，直接影响重力数据测量精度；②GNSS 定位精度受影响，对 SINS/GNSS 组合导航精度造成影响，同时也对比力测量精度造成影响；③目前在没有 GNSS 的情况下，动基座重力测量无法开展，极大限制了车载重力测量的应用范围。

载体运动加速度的计算是车载重力测量的关键技术之一，虽然在 20 世纪 90 年代载波相位差分 GNSS 的出现使得动基座重力测量焕发生机而取得快速发展，但载体运动加速度的高精度获取目前仍是限制车载重力测量精度和分辨率提升的主要因素。目前，利用差分 GNSS 计算载体运动加速度主要有位置微分法和载波相位直接解算法[78]。

位置微分法是在差分 GNSS 确定载体实时动态位置的基础上，对定位结果进行二次差分以得到运动加速度信息，由于受到 GNSS 接收机自身性能、对流层和电离层误差效应、多路径效应及数字差分技术本身会放大高频噪声的影响，需要对二次差分得到的加速度进行低通滤波，才能得到一定精度的载体加速度结果。该方法的优点是算法简单、便于实现，采用成熟的商用软件即可得到高精度的载体加速度信息。但是位置微分法也有自身的一些缺点，比如该方法得到的载体加速度的精度严重依赖于定位精度，一旦位置精度受整周模糊度计算误差增大、长基线情况下双频去电离层影响误差增大和星座变化导致位置计算不连续的影响，经过位置信息二次数字差分的加速度计算精度会受到非常严重的影响。

载波相位直接法是通过直接对载波相位伪距进行差分得到载波相位伪距率，二次差分得到伪距加速度，再通过卫星星历获得卫星位置，差分得到卫星速度，二次差分获得卫星加速度，利用卫星与载体之间的几何关系就可计算得到载体的运动加速度。该方法可以避免整周模糊度计算，只使用 L1 单频观测量和单点定位结果即可满足速度和加速度的精度需求[98]。该方法也存在一定的问题，比如载波相位直接法的动态性能较差使得在实际动态测量应用中误差较大，同时卫星星座的变化以及周跳检测与修复技术的不成熟会影响加速度的测量精度，从而影响载波相位直接法在车载重力测量中的应用。李显[14]提出了一种应用于多基站同步观测的改进网络模糊度解算和验证方法，较好解决了长基线条件下单基准站 GNSS 方法的局限性。近年来，随着 GNSS 的 PPP 技术不断发展，采用 PPP 技术求取载体加速度的方法开始出现，并且在海洋、航空重力测量中取得较好的效果[7,14]。

GNSS 更新频率比较低,接收信号不稳定,建筑物、树木的遮挡使得可见卫星数目减少,卫星几何构型变差、DOP 值变大,定位精度受影响,受干扰和遮挡,信号跟踪、模糊度解算不稳定,无法实现连续、高精度的定位计算。在进行 SINS/GNSS 组合时,惯导系统需要 GNSS 提供位置、速度等外部观测信息,在外部观测信息不准确的情况下,组合导航计算的各导航参数和比力测量计算精度受到较大影响。因此有必要采用其他的外部测量装置,在 GNSS 接收机短暂失效或受到干扰时依然保持导航定位的精度。在 GNSS 受影响无法正常工作时,严恭敏[99,100]提出采用里程计和气压高度计进行组合导航,通过路标修正误差的方法提高导航定位精度。张红良[101]采用零速修正技术提高车载导航定位精度,但是零速修正的方法应用于车载连续重力测量的难度较大。在车载重力测量中,GNSS 不仅提供定位信息,还要参与载体加速度的计算,而目前的研究主要以提高车辆导航定位精度为目的,尚未考虑如何进行载体加速度的计算。

在目前的动基座重力测量中,需要严重依赖 GNSS,没有 GNSS 条件的车载重力测量暂时无法开展。主要有两方面原因:一是较难得到高精度导航参数,如载体位置、速度和姿态等信息;另一个是无法对载体加速度实现有效估计,从而无法根据直接求差法计算扰动重力结果。考虑车载实际环境,在隧道、城市峡谷、森林中难免遇到无法使用 GNSS 的情况,在不使用 GNSS 条件下如何开展车载重力测量也是需要研究人员关注的问题。

在 GNSS 测高技术出现之前,高度的测量主要靠采用气压高度计、雷达高度传感器等,这种方法因在海洋重力测量中精度较高而得到广泛应用。但在车载测量环境中,由于近地气压分布不均和测量环境温度、湿度及紊乱气流的影响,测量误差将会变得比较大。使用惯导系统导航解算的方法可以进行高度的推算,数据采样频率高、动态性较好,在姿态精度保持较好的情况下,可以实现高度测量功能。

车载惯性组合导航技术的快速发展为无 GNSS 的车载重力测量实现提供可能。车载自主定位定向系统主要由惯导系统、里程计、测速仪、气压高度计、激光雷达等部件组成,在无 GNSS 的条件下,车载惯导系统与外部传感器观测量采用卡尔曼滤波方法进行组合导航,可以实现载体位置、速度、加速度和姿态的高精度估计,提高组合导航定位精度[100,102-114]。

1.2.2.3 车载重力测量中需要进一步解决的问题

通过对动基座重力测量现状研究发现,目前应用于航空重力测量和海洋重力测量的设备和技术已经基本成熟,车载重力测量由于其特殊的试验环境使得有一些问题仍然没有得到很好解决。要实现高精度、实用化的车载重力测量,需要进一步解决以下几个问题。

1）车载环境 GNSS 的环境适应性问题

由前面分析可以发现，相比于观测条件良好的海/空重力测量，车载环境下的 GNSS 观测环境受到严重挑战，GNSS 观测质量下降不可避免。GNSS 质量的下降将导致组合导航定位精度、比力测量精度、载体加速度计算精度的下降等问题出现，这些都会使重力测量结果精度下降。如何在已有的车载 GNSS 条件下，提高重力测量精度，是本书需要研究的一个问题。

2）特殊应用无 GNSS 条件下车载重力测量无法实现的问题

车载试验沿路面实施，受地面道路环境和观测环境影响较大。在一些特殊应用如在隧道、森林中开展重力测量，这些地点往往接收不到 GNSS 信号，如果现有方法仍对 GNSS 非常依赖，将导致在没有 GNSS 的情况下无法完成车载重力测量任务。如何实现无 GNSS 条件下的车载重力测量，是本书着重研究的一个方面。

3）多传感器信息融合方法提高车载重力测量实用化的问题

车载重力测量由于涉及设备多、技术细节多、试验环境复杂，任何一处的失误或纰漏都有可能导致整个试验的失败。这对车载重力测量试验的现场操作与数据处理均提出较高要求。在同时拥有 GNSS 和测速仪等外部传感器的情况下，如何采用信息融合的方法将采集的数据综合处理用于计算扰动重力结果，保证车载重力测量精度，提高作业效率，也是本书重点研究的一个方面。

1.3　研究目标、内容和组织结构

1.3.1　研究目标

随着国家重力场普查、矿产资源勘探开发的需求日益增大，国家大地水准面精化、战场环境感知与保障等基础性建设的全面推进，车载重力测量作为动基座重力测量的重要实施方法，其设备研发和相关数据处理技术正引起研究学者的重视，成为研究热点。近几十年来，海空重力测量不论是在测量生产还是数据处理等方面均取得了快速发展，用于车载重力测量的设备和相关技术虽有进步，但专门针对车载环境的动基座重力测量仍有很多关键问题没有解决，限制了数据成果的精度。尤其是结合我国实际情况，重力测量技术起步晚、研究基础薄弱，核心设备需要引进、受制于人，经过几十年艰辛探索与实践才逐步进入自主研发创新阶段。本书尝试在前人研究基础上，从车载重力测量实际需求出发,以车载环境下的重力测量为研究背景,围绕应对车载环境下 GNSS 观测质量下降的数据处理、无卫星条件下的车载重力数据获取、数据滤波和误差分析、信息融合等关键技术,综合考虑车载重力测量全过程的实际操作与数据处理流程,开展全过程理论分析、技术配套和试验验证,以期形成一套适用于车载重力测量的数据处理理论与方法,从而拓展动基座重力测量设备搭载载体的选择范围,摆脱某些动基座重力测量的特定限制条件,为进一步推动车载重力测量及重力测量载体平台多样化提供技术支撑。

1.3.2 研究内容和组织结构

本书以车载重力测量为研究背景,深入调研当前研究现状,以车载环境下捷联式重力测量关键技术为研究内容,结合车载重力测量实际试验条件,分别研究了车载重力测量误差模型和精度评估方法,SINS/GNSS 车载重力测量方法,无卫星条件下的 SINS/VEL 车载重力测量方法和车载重力测量多源信息融合方法。

本书组织结构安排如图 1.6 所示。

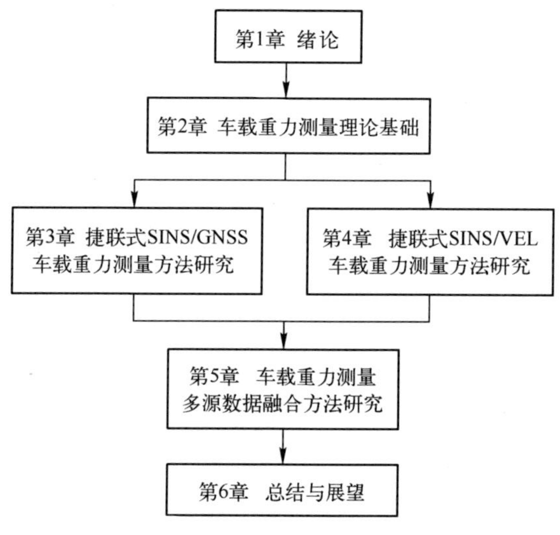

图 1.6 本书的组织结构

本书主要内容分为六章,具体章节安排如下:

第 1 章为绪论。首先论述了本书研究背景和研究意义,分析国内外动基座重力测量设备研究现状,结合目前车载重力测量关键技术研究现状确定本书研究的主要内容,最后简要论述了本书组织结构和主要贡献。

第 2 章为车载重力测量理论基础。首先给出车载重力测量基本原理,其次对基本原理的误差模型进行分析,从关键技术角度分析车载重力测量误差特性,最后结合实际试验环境给出了车载重力测量数据的精度评估方法。

第 3 章为捷联式 SINS/GNSS 车载重力测量方法研究。首先提出了 SINS/GNSS 重力测量方法的数据处理流程,利用卡尔曼滤波方法实现导航参数、比力测量信息的估计,然后分析车载环境下 GNSS 存在的问题,有针对性地对 GNSS 异常数据进行检测和修复,采用多次车载试验实测数据对改进的 SINS/GNSS 重力测量方法进行验证。根据车载试验特点和 GNSS 观测条件,将 PPP 技术用于车载重力测量,通过试验验证了 PPP 技术用于车载重力测量的可行性,总结了其在数据处理过程中需要注意的问题。

第 4 章为捷联式 SINS/VEL 车载重力测量方法研究。针对无卫星的应用条件,提出采用 SINS/VEL 重力测量方法进行车载重力测量数据处理。首先分析光学测速仪的基本原理、安装标定和误差模型,其次提出在不使用 GNSS 的条件下采用 SINS/VEL 重力测量方法的数据处理流程和卡尔曼滤波方程,以获取重力测量结果。通过多次实际车载试验对该方法进行验证,结果表明该方法在一些特定应用条件下具有独特的优势。最后指出 SINS/VEL 重力测量方法中存在的一些问题,并提出了进一步改进的措施。

第 5 章为车载重力测量多源数据融合方法研究。首先基于车载试验中采集的多源数据,对车载重力测量结果进行修正改善,通过交叉对比比力测量信息和载体加速度信息的方法计算扰动重力结果,其次采用 SINS/GNSS/VEL 车载重力测量集中式滤波方法对车载数据进行处理,数据精度有所提高,再次通过 SINS/GNSS/VEL 重力测量联邦滤波方法实现多源数据融合,提高了重力测量的稳定性和精度,最后总结了一套适用于车载连续动态重力测量试验和数据综合处理的方法。

第 6 章为总结与展望。对全书进行总结,对后续研究工作提出进一步展望和建议。

第 2 章　车载重力测量理论基础

本章着重阐述车载重力测量的基本理论,从动基座车载重力测量的基本原理出发,给出利用直接求差法计算扰动重力方法的实现过程。推导建立车载重力测量误差模型,分析影响车载重力测量精度和分辨率的主要误差源,对误差源的误差特性展开具体分析。结合车载试验具体条件,给出车载重力测量结果的精度评估方法。

2.1　车载重力测量基本原理

2.1.1　常用坐标系及转换关系

车载重力测量中常用的坐标系有地心惯性坐标系(Earth-Centered Inertial Frame)、地心地固坐标系(Earth-Centered Earth-Fixed,ECEF)、当地导航坐标系(Local Navigation Frame)和载体坐标系(Body Frame),各坐标系的定义如表 2.1 所列。

表 2.1　常用坐标系定义

坐　标　系	定　　义
地心惯性坐标系（i 系）	以地球质心为坐标原点 O^i,x^i 轴和 y^i 轴在赤道平面内,x^i 轴指向春分点,z^i 轴为地球自转轴由地心指向北极,y^i 轴在地球旋转方向上超前 x^i 轴 90°,x^i 轴、y^i 轴与 z^i 轴构成右手坐标系
地心地固坐标系（e 系）	以地球质心为坐标原点 O^e,x^e 轴和 y^e 轴在赤道平面内,x^e 轴指向平均格林尼治子午圈,z^e 轴是地球自转轴,由地心指向北极,y^e 轴、x^e 轴和 z^e 轴构成右手坐标系
当地导航坐标系（n 系）	以载体质心为坐标原点 O^n,x^n 指向当地参考椭球面的北向,y^n 指向当地参考椭球面的东向,z^n 指向当地参考椭球面的法线方向,大致指向地心,x^n 轴、y^n 轴和 z^n 轴构成右手坐标系
载体坐标系（b 系）	以载体质心为坐标原点 O^b,x^b 轴指向载体纵轴方向的前方,y^b 轴指向载体横轴方向的右方,z^b 轴、x^b 轴和 y^b 轴互相垂直,构成右手坐标系

由各坐标系的定义，可以根据计算需要利用欧拉角、方向余弦矩阵、四元数和旋转矢量等形式实现不同坐标系之间的转换，在这里不再赘述。

 2.1.2 车载重力测量基本原理

由牛顿第二运动定律可知，质点的运动方程在 i 系中可以表示为[78]

$$\ddot{\boldsymbol{x}}^{i}=\boldsymbol{f}^{i}+\boldsymbol{g}^{i} \tag{2.1}$$

式中 $\ddot{\boldsymbol{x}}^{i}$——质点在 i 系中的加速度；

$\boldsymbol{f}^{i}$——i 系中的比力，可由重力传感器测得；

$\boldsymbol{g}^{i}$——地球引力加速度。

将式(2.1)做移项变换，重力测量的基本原理可以表示为

$$\boldsymbol{g}^{i}=\ddot{\boldsymbol{x}}^{i}-\boldsymbol{f}^{i} \tag{2.2}$$

爱因斯坦广义相对论的等效原理指出：在封闭的系统内观测者不可能区分作用于它的力是引力作用还是其所在系统正在做加速运动的作用，即加速度所造成的“重量感”和万有引力是等效的[78]。那么，想直接用重力传感器直接测得引力是有一定困难的。

如果是静态的重力测量，运动加速度为 $\ddot{\boldsymbol{x}}^{i}=0$，通过调整重力传感器敏感轴的方向或者对不同方向的重力传感器取模值，就可以感知重力加速度数值。静态重力测量可以达到较高的精度，但是操作起来费时费力、效率不高。在很多情况下，人们希望采用动基座测量的方式来节约成本、提高效率。结合车辆灵活行驶的特点，可以采用“走停式”单点测量方式在一些测量点进行静态观测，有关“走停式”重力测量的具体原理及方法详见附录 A。

而对于动基座重力测量来讲，加速度不会再是零，重力测量设备搭载着载体处于不断运动的状态，那么此时由等效原理可知，重力传感器测得的信息中，除了包含重力加速度信息，还包含载体的运动加速度成分，这二者对于重力传感器来说是区别不开的。所以，要想获取重力加速度的值，就必须将比力信息中的引力加速度与运动加速度分离，目前主要有两种方法可以将二者分离开来。

第一种方式是采用重力梯度测量的基本原理，将共基线的两个加速度计测量值求差，采用共模的方式消除载体运动加速度的影响，在公用基线旋转稳定的前提下，利用该差值就可得到重力梯度分量，从而达到分离引力加速度与运动加速度的目的。值得指出的是，采用这种重力梯度测量原理对加速度计的要求相当高，技术实现难度非常大，虽然近年来关于重力梯度测量的研究有一定进展，但距离实用尚有较大距离，本书不对梯度测量进行深入探讨和研究[56]。

第二种方法是使用两套不同的加速度测量系统，其中一套的输出为重力传感器比力信息，该比力测量值中含有运动加速度和引力加速度等信息，另一套系统的输出不含比力信息而只有加速度信息。将两套系统的输出在同一坐标系下做差值处理，从而消除载体加速度影响，再经过对各误差项的估计与补偿，可以实现重力信息的求解，这就是动基座重力测量的基本原理。

2.2 车载重力测量模型

2.2.1 车载重力测量模型

根据牛顿第二定律，动基座重力测量的表达式在 n 系下可以表示为[67,115]

$$\boldsymbol{g}^n=\dot{\boldsymbol{v}}_e^n-\boldsymbol{C}_b^n\boldsymbol{f}^b+(2\boldsymbol{\omega}_{ie}^n+\boldsymbol{\omega}_{en}^n)\times\boldsymbol{v}_e^n \tag{2.3}$$

式中 $\boldsymbol{g}^n$——重力矢量；

$\dot{\boldsymbol{v}}_e^n$——载体加速度；

$\boldsymbol{v}_e^n$——载体速度；

$\boldsymbol{C}_b^n$——b 系转到 n 系的方向余弦矩阵；

$\boldsymbol{f}^b$——加速度计比力测量值；

$\boldsymbol{\omega}_{ie}^n$——地球自转角速度在 n 系下的投影；

$\boldsymbol{\omega}_{en}^n$——$n$ 系相对 e 系的角速度在 n 系下的投影。

引入正常重力 $\boldsymbol{\gamma}$，重力可以表示为扰动重力与正常重力之和，即

$$\boldsymbol{g}^n=\boldsymbol{\delta g}^n+\boldsymbol{\gamma}^n \tag{2.4}$$

则扰动重力矢量 $\boldsymbol{\delta g}^n$ 可以表示为

$$\boldsymbol{\delta g}^n=\dot{\boldsymbol{v}}_e^n-\boldsymbol{C}_b^n\boldsymbol{f}^b+(2\boldsymbol{\omega}_{ie}^n+\boldsymbol{\omega}_{en}^n)\times\boldsymbol{v}_e^n-\boldsymbol{\gamma}^n \tag{2.5}$$

式(2.5)是一个矢量方程，将该方程展开可以得到重力的三个分量表达式，这就是动基座重力矢量测量的基本原理。将式(2.5)展开为分量形式，有

$$\begin{bmatrix}\delta g_{\mathrm{N}}\\ \delta g_{\mathrm{E}}\\ \delta g_{\mathrm{D}}\end{bmatrix}=\begin{bmatrix}\dot{v}_{\mathrm{N}}-f_{\mathrm{N}}+2\cdot\omega_{ie}\cdot v_{\mathrm{E}}\cdot\sin L-\dfrac{v_{\mathrm{N}}\cdot v_{\mathrm{D}}}{R_{\mathrm{M}}+h}+\dfrac{v_{\mathrm{E}}^2\cdot\tan L}{R_{\mathrm{N}}+h}\\ \dot{v}_{\mathrm{E}}-f_{\mathrm{E}}-2\cdot\omega_{ie}\cdot(v_{\mathrm{E}}\cdot\sin L+v_{\mathrm{D}}\cdot\cos L)-\dfrac{v_{\mathrm{E}}\cdot v_{\mathrm{N}}\cdot\tan L}{R_{\mathrm{N}}+h}-\dfrac{v_{\mathrm{E}}\cdot v_{\mathrm{D}}}{R_{\mathrm{M}}+h}\\ \dot{v}_{\mathrm{D}}-f_{\mathrm{D}}+2\cdot\omega_{ie}\cdot v_{\mathrm{E}}\cdot\cos L+\dfrac{v_{\mathrm{E}}^2}{R_{\mathrm{N}}+h}+\dfrac{v_{\mathrm{N}}^2}{R_{\mathrm{M}}+h}-\gamma\end{bmatrix} \tag{2.6}$$

式中 δg_{N}、δg_{E}、δg_{D}——扰动重力北向分量、东向分量和地向分量；
v_{N}、v_{E}、v_{D}——载体速度北向分量、东向分量和地向分量；
$\dot{v}_{\mathrm{N}}$、$\dot{v}_{\mathrm{E}}$、$\dot{v}_{\mathrm{D}}$——载体加速度北向分量、东向分量和地向分量；
f_{N}、f_{E}、f_{D}——比力北向分量、东向分量和地向分量；
R_{M}、R_{N}——子午圈曲率半径、卯酉圈曲率半径；
ω_{ie}——地球自转角速度；
L——纬度；
h——高度；
γ——正常重力值。

式(2.6)的第三式即为计算重力矢量垂向分量的表达式，也就是重力标量测量的基本原理。

$$\delta g_{\mathrm{D}}=\dot{v}_{\mathrm{D}}-f_{\mathrm{D}}+2\cdot\omega_{ie}\cdot v_{\mathrm{E}}\cdot\cos L+\frac{v_{\mathrm{E}}^{2}}{R_{\mathrm{N}}+h}+\frac{v_{\mathrm{N}}^{2}}{R_{\mathrm{M}}+h}-\gamma \tag{2.7}$$

其等号右边的部分项为厄特弗斯改正项（Eotvos Correction），表达式为

$$\delta a_{\mathrm{E}}=2\cdot\omega_{ie}\cdot v_{\mathrm{E}}\cdot\cos L+\frac{v_{\mathrm{E}}^{2}}{R_{\mathrm{N}}+h}+\frac{v_{\mathrm{N}}^{2}}{R_{\mathrm{M}}+h} \tag{2.8}$$

分析扰动重力计算的表达式(2.7)可知，要想得到扰动重力，须获得等式右边对应的量测值和参数值。其中，比力测量值 $\boldsymbol{f}^{b}$ 和方向余弦矩阵 $\boldsymbol{C}_{b}^{n}$ 可由惯性器件输出的测量信息和导航解算得到；而剩余的项均是与载体的位置（纬度、经度、高度）、速度（$v_{\mathrm{N}}, v_{\mathrm{E}}, v_{\mathrm{D}}$）、加速度（$\dot{v}_{\mathrm{N}}, \dot{v}_{\mathrm{E}}, \dot{v}_{\mathrm{D}}$）相关的物理量，比如子午圈半径和卯酉圈半径均与纬度位置相关，如下式所示：

$$R_{\mathrm{M}}=R\cdot\frac{1-e^{2}}{(1-e^{2}\sin^{2}L)^{3/2}} \tag{2.9}$$

$$R_{\mathrm{N}}=R\cdot\frac{1}{(1-e^{2}\sin^{2}L)^{1/2}} \tag{2.10}$$

$$R_{0}=\sqrt{R_{\mathrm{M}}R_{\mathrm{N}}} \tag{2.11}$$

同时，正常重力与所在的纬度、高度等位置信息相关，有

$$\gamma=\frac{\gamma_{0}}{(1+h/R_{0})^{2}} \tag{2.12}$$

其中

$$\gamma_{0}=9.780318(1+5.3024\times10^{-3}\sin^{2}L-5.9\times10^{-6}\sin^{2}2L)\ \mathrm{m/s^{2}} \tag{2.13}$$

分析可知，获取足够高精度的载体位置、速度、加速度和重力仪姿态等信息是获得高精度扰动重力计算值的前提条件。同时，车载重力测量中各项误差估计与补偿效果的好坏，也是决定能否获取高精度重力数据的关键因素。

2.2.2 车载重力测量误差模型

对式(2.5)进行变分计算,得到动基座重力测量的误差模型为

$$\begin{aligned}\mathrm{d}\delta\boldsymbol{g}^n=&\delta\dot{\boldsymbol{v}}_e^n-\boldsymbol{f}^n\times\boldsymbol{\psi}-\boldsymbol{C}_b^n\delta\boldsymbol{f}^b-\boldsymbol{v}_e^n\times(2\delta\boldsymbol{\omega}_{ie}^n+\delta\boldsymbol{\omega}_{en}^n)\\&+(2\boldsymbol{\omega}_{ie}^n+\boldsymbol{\omega}_{en}^n)\times\delta\boldsymbol{v}_e^n-\delta\boldsymbol{\gamma}^n\end{aligned}\tag{2.14}$$

式中 $\mathrm{d}\delta\boldsymbol{g}^n$——扰动重力矢量的测量误差;

$\delta\dot{\boldsymbol{v}}_e^n$——$\dot{\boldsymbol{v}}_e^n$ 测量误差;

$\boldsymbol{f}^n$——比力测量值(n 系);

$\boldsymbol{\psi}$——姿态误差;

$\boldsymbol{C}_b^n$——b 系到 n 系的方向余弦阵;

$\boldsymbol{f}^b$——比力测量值(b 系);

$\delta\boldsymbol{v}_e^n$——$\boldsymbol{v}_e^n$ 测量误差;

$\delta\boldsymbol{\omega}_{ie}^n$——$\boldsymbol{\omega}_{ie}^n$ 计算误差;

$\delta\boldsymbol{\omega}_{en}^n$——$\boldsymbol{\omega}_{en}^n$ 计算误差;

$\delta\boldsymbol{\gamma}^n$——正常重力 γ 的计算误差。

由误差模型可以看出,影响重力测量精度的因素有许多,比如有 SINS 中重力传感器测量误差 $\delta\boldsymbol{f}_{ib}^b$、$\delta\boldsymbol{\omega}_{ib}^b$ 以及导航参数计算中姿态误差 $\widetilde{\boldsymbol{C}}_b^n$、$\boldsymbol{\psi}$,也有 GNSS 测量误差带来的载体位置测量误差 $\delta\boldsymbol{p}^n$、速度测量误差 $\delta\boldsymbol{v}_e^n$ 以及加速度误差 $\delta\dot{\boldsymbol{v}}_e^n$,还有 GNSS 与 SINS、测速仪等多测量系统集成产生的其他误差,如时间同步误差 δT 和杆臂误差等。有关车载重力测量的误差分析详见 2.3 节。

2.3 车载重力测量误差特性

2.3.1 重力传感器误差

在捷联式系统中,主要由加速度计和陀螺组成捷联惯导系统实现重力测量。加速度计测量的是惯性空间中的比力信息,陀螺测量角速度信息,二者的测量都不需要借助外部参考,因而被称作惯性器件。分析重力测量误差的计算式(2.14),SINS 比力测量误差可以表示为

$$\delta\boldsymbol{f}_{\mathrm{SINS}}=\boldsymbol{f}^n\times\boldsymbol{\psi}+\boldsymbol{C}_b^n\delta\boldsymbol{f}^b\tag{2.15}$$

在其等号右边的 $\boldsymbol{C}_b^n\delta\boldsymbol{f}^b$ 描述了加速度计的测量误差对比力测量的精度影响,假设在滤波周期内,载体运动的航向稳定,速度基本保持不变。在这种假设前提

下 $\boldsymbol{C}_b^n$ 约为一组常数值,又假设车辆沿南北方向行驶,则有 $\boldsymbol{C}_b^n\boldsymbol{\delta f}^b \approx \boldsymbol{\delta f}^b$,则可以单独就加速度计测量误差对重力测量精度的影响展开分析[78]。而在式(2.15)中等号右边第一项 $\boldsymbol{f}^n \times \boldsymbol{\psi}$ 中,姿态的计算误差 $\boldsymbol{\psi}$ 主要是由陀螺零偏等误差造成。加速度计和陀螺均存在测量误差,这些误差主要包括零偏误差、标度因数误差、交叉耦合误差和随机噪声等。

加速度计和陀螺输出的主要误差构成可以表示为

$$\tilde{\boldsymbol{f}}_{ib}^b = \boldsymbol{b}_a + (\boldsymbol{I}_3 + \boldsymbol{M}_a)\boldsymbol{f}_{ib}^b + \boldsymbol{w}_a \tag{2.16}$$

$$\tilde{\boldsymbol{\omega}}_{ib}^b = \boldsymbol{b}_g + (\boldsymbol{I}_3 + \boldsymbol{M}_g)\boldsymbol{\omega}_{ib}^b + \boldsymbol{G}_g\boldsymbol{f}_{ib}^b + \boldsymbol{w}_g \tag{2.17}$$

式中　$\tilde{\boldsymbol{f}}_{ib}^b$、$\tilde{\boldsymbol{\omega}}_{ib}^b$——IMU 输出的比力矢量、角速度矢量测量值;

$\boldsymbol{f}_{ib}^b$、$\boldsymbol{\omega}_{ib}^b$——比力真值、角速度真值;

$\boldsymbol{b}_a = [b_{ax} \quad b_{ay} \quad b_{az}]^{\mathrm{T}}$——加速度计零偏;

$\boldsymbol{b}_g = [b_{gx} \quad b_{gy} \quad b_{gz}]^{\mathrm{T}}$——陀螺零偏;

$\boldsymbol{I}_3$——3×3 单位阵;

$\boldsymbol{M}_a$、$\boldsymbol{M}_g$——标度因数和交叉耦合误差阵;

$\boldsymbol{G}_g$——g 相关零偏;

$\boldsymbol{w}_a$、$\boldsymbol{w}_g$——加速度计、陀螺的随机噪声。

零偏是加速度计和陀螺的常值误差,它与载体实际的比力和角速率都不相关,一般零偏表示为:

$$\boldsymbol{b}_a = \boldsymbol{b}_{as} + \boldsymbol{b}_{ad} \tag{2.18}$$

$$\boldsymbol{b}_g = \boldsymbol{b}_{gs} + \boldsymbol{b}_{gd} \tag{2.19}$$

式中　$\boldsymbol{b}_{as}$、$\boldsymbol{b}_{gs}$——加速度计、陀螺零偏的重复性;

$\boldsymbol{b}_{ad}$、$\boldsymbol{b}_{gd}$——加速度计、陀螺零偏的稳定性。

零偏重复性包括了逐次启动零偏和经过标定补偿之后的剩余常值零偏成分。常值零偏在一次启动的过程中保持不变,但是每次启动的时候都会有一定的变化。零偏稳定性成分主要包括温度补偿后的温变剩余零偏,在器件工作的过程中会发生随机变化。

加速度计标度因数误差是指加速度计在经过量纲转换后"输入—输出"斜率与标称值之间的偏差,加速度计标度因数误差能够引起加速度计输出误差,误差大小与敏感轴方向的真实比力值成正比,用 $\boldsymbol{s}_a = [s_{ax} \quad s_{ay} \quad s_{az}]^{\mathrm{T}}$ 表示;同理,陀螺标度因数误差能够引起陀螺输出误差,误差大小与敏感轴方向的真实角速率成正比,用 $\boldsymbol{s}_g = [s_{gx} \quad s_{gy} \quad s_{gz}]^{\mathrm{T}}$ 表示。

非线性误差是指随着惯性器件测量值的变化其标度因数也会发生变化,特别是在变化剧烈的环境中,标度因数更有可能表现出偏离线性关系的变化,所以在测量过程中保持匀速、平稳状态,有利于减小非线性误差,从而提高测量过程中的数据精度。

交叉耦合误差是由于惯性器件敏感轴与 b 系正交轴之间存在安装误差所造成的。加速度计敏感轴与 b 系中对应轴之间的安装误差，会导致加速度计敏感到正交方向的比力分量；同理，陀螺由于安装误差的存在，也会导致敏感到正交方向的角速率分量。对于三轴正交安装的加速度计和陀螺组成的惯性测量单元(IMU)，加速度计和陀螺的标度因数误差与交叉耦合误差可以表示为

$$\boldsymbol{M}_a=\begin{bmatrix} s_{ax} & m_{axy} & m_{axz} \\ m_{ayx} & s_{ay} & m_{ayz} \\ m_{azx} & m_{azy} & s_{az} \end{bmatrix} \quad \boldsymbol{M}_g=\begin{bmatrix} s_{gx} & m_{gxy} & m_{gxz} \\ m_{gyx} & s_{gy} & m_{gyz} \\ m_{gzx} & m_{gzy} & s_{gz} \end{bmatrix} \tag{2.20}$$

式中 m_{axy}——x 轴加速度计敏感到的 y 轴方向上的比力交叉耦合系数，y 轴、z 轴同理；

m_{gxy}——x 轴陀螺所敏感的 y 轴方向上的角速率交叉耦合系数，y 轴、z 轴同理。

加速度计和陀螺在工作过程中都会产生随机噪声，加速度计中比力测量的随机噪声经过积分产生速度的随机游走误差；同理，陀螺中角速率测量的随机噪声经过积分会产生角速度随机游走误差。由于惯性传感器的随机噪声是一个随机的变量，而且这种白噪声与过去、将来的信息均无相关性，因此它们既不能被标校，又不能估计补偿，只能在器件制作工艺和信号采集的过程中提高产品性能，尽可能减小随机噪声的影响。在加速度计和陀螺的误差模型中，可以通过实验室标定将一部分主要误差进行估计。内场标定的参数主要有常值零偏、标度因数和交叉耦合误差等。随机噪声由于受到加工工艺、传感器材料和工作温度的影响，并没有特别有效的方法对其进行建模估计与补偿，目前一般采用的方法是利用高精度温度控制技术降低温度变化因素对器件的影响。

2.3.2 姿态测量误差

从式(2.15)可以看出，比力测量误差不仅与重力传感器加速度计的测量误差 $\boldsymbol{\delta f}^b$ 有关，也与 SINS 的姿态测量误差 $\boldsymbol{\psi}$ 有关。

将式(2.15)等号右边第一项展开为分量形式，有

$$\boldsymbol{f}^n\times\boldsymbol{\psi}=\begin{bmatrix} \psi_{\mathrm{D}} & f_{\mathrm{E}}-\psi_{\mathrm{E}} & f_{\mathrm{D}} \\ \psi_{\mathrm{N}} & f_{\mathrm{D}}-\psi_{\mathrm{D}} & f_{\mathrm{N}} \\ \psi_{\mathrm{E}} & f_{\mathrm{N}}-\psi_{\mathrm{N}} & f_{\mathrm{E}} \end{bmatrix} \tag{2.21}$$

式中 f_{N}、f_{E}、f_{D}——比力测量值在 n 系北、东、地方向的分量；

ψ_{N}、ψ_{E}、ψ_{D}——姿态误差角在 n 系北、东、地方向的分量。

分析式(2.21)的前二项表达式,重力矢量水平分量(北向、东向)受姿态误差影响较大,水平姿态存在 1″的误差,会造成大约 4.7mGal 的重力矢量水平分量测量误差;由式(2.21)的第三个分量表达式可以看出,在水平方向存在水平加速度的情况下,姿态测量误差也会对最终的重力测量精度产生较大影响。

文献[78]通过分析与定量计算,给出了在飞行速度为 60m/s、比力测量精度为 0.5mGal 的条件下,航空重力测量对姿态测量误差的精度需求如表 2.2 所列。

表 2.2　航空重力测量对姿态测量误差精度的需求

滤波周期/s	分辨率/km	加速度精度/(m/s^2)	标量测量	矢量测量
0	0.06	1.0	1″	0.1″
40	1.2	0.1	10″	0.1″
80	2.4	0.05	21″	0.1″
100	3.0	0.04	26″	0.1″

从表 2.3 中可以看出,必须达到 0.1″的姿态精度才能满足重力矢量测量的精度要求,这对陀螺性能提出了很高要求。不过对于标量重力测量来说,姿态测量精度可以相对放宽,例如在水平方向存在 $1m/s^2$ 的水平加速度,想要实现 1mGal 标量重力测量精度,只需将水平姿态误差控制在 2″以内。考虑到汽车相对飞机更低的测量速度,不仅可以通过车载测量的方式提高重力数据空间分辨率,也可以适当放宽对姿态误差的精度要求。

2.3.3　载体加速度计算误差

在动基座重力测量中,载体运动加速度的测量精度将直接影响到重力测量的结果。载体运动加速度测量是提高重力测量精度和分辨率的主要障碍,因此提高加速度测量精度是重力测量中的一项重要任务[14]。

利用 GNSS 计算载体运动加速度,主要有以下三种方法[116-118]:

(1) 计算得到载体的精确位置,通过位置二次差分法得到载体运动加速度。

(2) 采用多普勒频移法或相位时序差分法计算得到载体运动速度,对速度进行一次差分得到载体运动加速度。

(3) 通过计算相位二次变化率或多普勒频移一次变化率,来直接求解载体运动加速度。

在车载试验中可能会遇到有 GNSS 和无 GNSS 可以利用的情况,本书在计算载体加速度时结合实际条件分别采用两种不同方法。在有 GNSS 可以利用的条件下,采用 GNSS 位置二次差分方法计算载体加速度;针对无 GNSS 的测量条件,引入测速仪作为外部传感器与惯导系统进行组合导航,首先计算得到速度,然后对速度信息进行一次差分计算获得运动加速度的测量值。在对含有大量噪声的原始载体加速度进行低通滤波后,得到可供计算重力结果的载体运动加速度信息。

GNSS 位置二次差分法计算流程如图 2.1 所示,首先计算得到载体位置序列,通过数值差分器依次进行一次差分和二次差分获得载体的速度信息和加速度信息[14]。

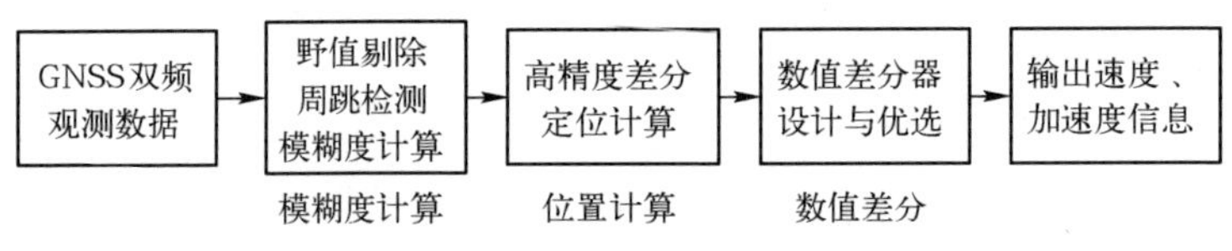

图 2.1 GNSS 位置二次差分法计算流程

由上述分析可以看出,要想得到满足重力测量精度的载体加速度信息,高精度位置信息和速度信息的获取也至关重要。由文献[14,78]可知,通过事后载波相位差分 GNSS 和 PPP 的位置精度均可达到厘米级,可以满足车载重力测量对位置精度的需求;事后处理的 GNSS 测速精度可以优于 0.03m/s,满足重力测量对速度精度的需求。同样地,在没有 GNSS 的条件下,选用光学测速仪与高精度 SINS 进行组合导航计算的载体位置、速度和加速度信息,其精度能否满足实际车载重力测量的要求,将在本书第 4 章详细分析。

2.3.4 其他误差

由于 SINS 与 GNSS 接收机的量测值在时间和空间上都有一定的偏差,因此需要考虑 SINS 与 GNSS 系统采集数据的时间同步误差和安装杆臂误差对重力测量结果产生的影响。

1) 时间同步误差

如果 SINS 与其他测量子系统间存在数据采集时间不同步的情况,则式(2.5)可写为

$$\begin{aligned}\mathrm{d}\boldsymbol{\delta g}^n=&\boldsymbol{\delta}\dot{\boldsymbol{v}}_e^n-\boldsymbol{f}^n\times\boldsymbol{\psi}-\boldsymbol{C}_b^n\boldsymbol{\delta f}^b-\boldsymbol{v}_e^n\times(2\boldsymbol{\delta\omega}_{ie}^n+\boldsymbol{\delta\omega}_{en}^n)\\&+(\dot{\boldsymbol{C}}_b^n\boldsymbol{f}^b+\boldsymbol{C}_b^n\dot{\boldsymbol{f}}^b)\mathrm{d}T+(2\boldsymbol{\omega}_{ie}^n+\boldsymbol{\omega}_{en}^n)\times\boldsymbol{\delta v}_e^n-\boldsymbol{\delta\gamma}^n\end{aligned}\tag{2.22}$$

式中 $\mathrm{d}T$——SINS 与其他测量子系统的时间同步误差;

$\boldsymbol{C}_b^n$——b 系到 n 系的方向余弦阵;

$\dot{\boldsymbol{C}}_b^n$——$\boldsymbol{C}_b^n$ 的变化率;

$\boldsymbol{f}^b$——b 系下的比力测量值；

$\dot{\boldsymbol{f}}^b$——$\boldsymbol{f}^b$ 的变化率。

单独分析由时间同步误差引起的误差项，有

$$\mathrm{d}\boldsymbol{\delta g}_{syn}^n=(\dot{\boldsymbol{C}}_b^n\boldsymbol{f}^b+\boldsymbol{C}_b^n\dot{\boldsymbol{f}}^b)\mathrm{d}T \tag{2.23}$$

由式(2.23)可知，时间同步引起的误差除了与时间同步误差有关，也与 $\boldsymbol{C}_b^n$、$\boldsymbol{f}^b$ 以及它们的变化率有关，即与测量环境有关。在典型的动态环境下，1ms 的时间同步误差会引起最大 20mGal 的测量误差，这在高精度重力测量系统中是不能容忍的，理论分析必须采取措施将时间同步误差降低到 50ns 以内，才能达到 1mGal 的重力测量精度[63,78]。

SINS 和 GNSS 出现时间不同步有很多原因，比如传感器输出时间误差、数据记录延时和时钟晶振误差等都会造成时间不同步。采用锁相环技术可以将采样时钟与 GNSS 的秒脉冲信号(Pulse Per Second，PPS)进行同步处理，实现采样时钟与 PPS 的时间对齐。同理，SINS 与测速仪等测量传感器出现不同步的原因也多种多样，在实际应用中，可以采用由 PPS 硬件同步触发其他子系统以及提高通信波特率和数据采样频率的方法，将时间同步误差降低到误差允许范围之内。

2）杆臂误差

在本书开展的车载重力测量试验中，GNSS 天线一般安装在车顶上方，测速仪安装在试验车外壁，重力仪惯导系统安装在车舱内部，几类传感器的敏感中心与重力仪敏感中心均不在同一位置，因此测得的信息不能直接为重力仪所用。同时速度、加速度值也会因为杆臂效应的存在而不能直接使用，因此在进行导航解算、低通滤波等数据处理之前，需要用偏心改正方法(Eccentricity Correction)将 GNSS 量测信息归算到惯导系统，以此来减小由杆臂效应引起的测量误差[67,119]，如图 2.2 所示。

以 GNSS 天线引起的杆臂误差为例，杆臂误差 $\Delta\boldsymbol{p}^n$ 可以表示为

$$\Delta\boldsymbol{p}^n=\boldsymbol{C}_b^n\Delta\boldsymbol{p}^b=\boldsymbol{p}_{\mathrm{SINS}}^b-\boldsymbol{p}_{\mathrm{GNSS}}^b \tag{2.24}$$

式中　$\Delta\boldsymbol{p}^n$、$\Delta\boldsymbol{p}^b$——n 系、b 系中的位置矢量差值；

$\boldsymbol{p}_{\mathrm{SINS}}^b$、$\boldsymbol{p}_{\mathrm{GNSS}}^b$——SINS 和 GNSS 天线的位置矢量。

由式(2.24)可以看出，若要实时进行偏心改正，必须获取关于姿态及其变化率的量测信息，这在实际的测量过程中比较难实现。目前的车载重力测量主要是进行事后处理，在计算得到位置的偏心改正后，通过对位置差分获取的速度及加速度数据进行偏心改正，可以消除杆臂误差影响，有

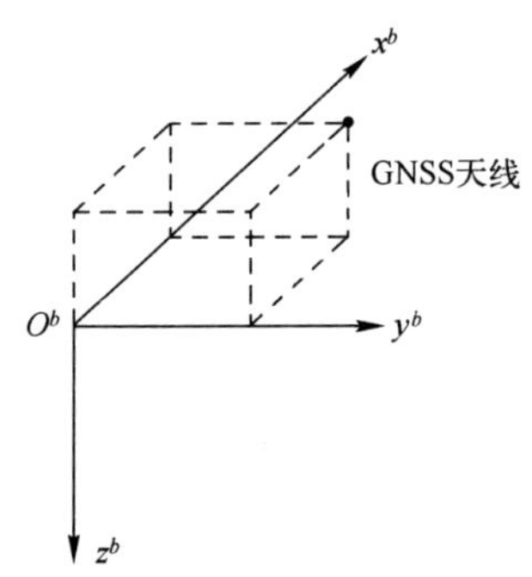

图 2.2　GNSS 天线杆臂误差示意图

$$\begin{cases}\Delta \dot{\boldsymbol{p}}^n(t)=\dfrac{\Delta \boldsymbol{p}^n(t+1)-\Delta \boldsymbol{p}^n(t-1)}{2T}\\ \Delta \ddot{\boldsymbol{p}}^n(t)=\dfrac{\Delta \dot{\boldsymbol{p}}^n(t+1)-\Delta \dot{\boldsymbol{p}}^n(t-1)}{2T}\end{cases} \tag{2.25}$$

式中　T——数据采样周期。

对于位置偏心的测量精度要求，不同原理的重力仪要求不一。对于捷联式重力仪系统，文献[67]经过定量分析指出，以目前载波相位差分 GNSS 观测精度，位置偏心的测量精度在不大于 10cm 的情况下，杆臂效应引起的加速度测量误差在 0.1mGal 以下，因此 10cm 的位置偏心测量误差是可以接受的。当然，也需要尽量提高测速仪安装杆臂测量精度，以减少杆臂误差对重力测量造成的影响。

2.4　精度评估方法

为了评估重力测量设备的性能指标和工作状态，通常有重复测线内符合精度评估方法、测线网交叉点精度评估方法和地面控制点精度评估方法。通过重复测线内符合精度评估可以衡量设备单次测量值与多次重复测量平均值之间的符合程度，这种方法可以反映设备自身的稳定性；测线网交叉点精度通过计算网格中交叉点不符值获得，可以实现对整片区域测量精度的评估；地面控制点精度评估方法通常是根据已有的地面控制点数据，评估重力测量值与参考值之间的一致性，从而体现车载重力测量结果实际的客观性与重力设备的可靠程度。

2.4.1　重复测线内符合精度评估方法

内符合精度不需要外部重力参考信息，需要计算多次重复测线测量值的不符值来评估，每条重复线测试数据的内符合精度可以用下式计算[120]：

$$\varepsilon_j = \pm\sqrt{\frac{\sum_{i=1}^{n}\delta_{ij}^2}{n}} \quad (j = 1,2,\cdots,m) \tag{2.26}$$

其中

$$\begin{aligned} \delta_{ij} &= F_{ij} - F_i \quad (i = 1,2,\cdots,n;j = 1,2,\cdots,m) \\ F_i &= \sum_{i=1}^{n} F_{ij}/m \quad (i = 1,2,\cdots,n) \end{aligned} \tag{2.27}$$

式中　ε_j——第 j 条重复线的内符合精度；

δ_{ij}——第 j 条重复线上第 i 个测点的观测值与该点上各重复线观测值的平均值之差；

n——重复线公共段观测点的总数；

m——重复线的总条数。

所有测线总的内符合精度计算公式为

$$\varepsilon = \pm\sqrt{\frac{\sum_{j=1}^{m}\sum_{i=1}^{n}\delta_{ij}^2}{m \times n}} \tag{2.28}$$

内符合精度的评估可以反映重复线测试数据的质量水平以及设备重复测量的一致性工作状态。

2.4.2　测线网交叉点精度评估方法

测线网交叉点的精度评估方法主要是通过沿路分布、交叉纵横全测区的切割线和测试线在交叉点处测量数据不符值的均方差来计算与评估[120]。

$$\varepsilon = \pm\sqrt{\frac{\sum_{i=1}^{N}\nu_{ij}^2}{N}} \tag{2.29}$$

式中　ε——测线网内符合精度；

ν_{ij}——测线 i 与测线 j 在交叉点处的不符值；

N——测线网交叉点的总数。

对测线网中所有交叉点的重力结果不符值进行精度统计，可以衡量整个区域重力测量的误差水平。客观来说，道路方向和路网形状均对车载测量方式限制较大，选用车辆为移动载体完成网格化的区域测量任务，实施起来难度较大。

2.4.3 地面控制点精度评估方法

在已有高精度地面重力控制点的基础上，测线数据的外符合精度可以由下式计算：

$$\sigma = \pm \sqrt{\frac{\sum_{i=1}^{N} w_i^2}{N}} \tag{2.30}$$

式中 σ——测线外符合精度；

w_i——测线点 i 处的重力测量值与参考重力值之差；

N——测线上采样点的总数目。

2.5 本章小结

本章论述了车载重力测量的基本原理，首先提出利用位置更新的方法进行车载重力测量的数据处理方法，在此基础上推导了车载重力测量的数学模型和误差模型。根据车载重力测量的误差方程，找出造成车载重力测量误差的误差源并对其进行误差分析，最后结合实际测试环境给出车载重力测量常用的精度评估方法，为本书后续的车载重力测量精度评估提供理论依据。

第3章　捷联式 SINS/GNSS 车载重力测量方法研究

在目前的动基座重力测量数据处理中,主要采用 SINS/GNSS 组合卡尔曼滤波方法。SINS 中的惯性器件加速度计和陀螺不仅存在测量误差,随着工作时间增长也会带来导航参数的累积误差,GNSS 定位精度高、误差不随时间积累的优点可以与 SINS 实现优势互补。通过 SINS 与 GNSS 组合的方法,抑制惯导系统累积误差,提高导航解算精度和比力测量精度,成为近年来动基座重力测量数据处理的主要方法。SINS/GNSS 重力测量方法目前已成功应用于航空重力测量,结合车载重力实际测量环境,该方法是否依然可以直接适用?本章在分析、解决 GNSS 存在的问题基础上,提出适用于车载试验的改进 SINS/GNSS 重力测量方法,并进行试验验证。同时,进一步探索验证了 PPP 技术应用于车载重力测量的可行性。

3.1　捷联式 SINS/GNSS 重力测量方法

3.1.1　捷联式 SINS/GNSS 重力测量数据处理流程

采用 SINS/GNSS 滤波方法用于车载重力测量的方法流程如图 3.1 所示。

数据处理的基本流程:

(1) 将 SINS 采集的加速度计和陀螺的原始数据利用标定参数进行当量转换,在 n 系下进行捷联惯性导航解算,得到比力测量值和 SINS 位置、速度、姿态等导航参数信息。

(2) 将 GNSS 接收机采集的原始观测数据通过软件完成格式转换、数据解算与结果输出,得到 GNSS 定位结果,对其一次差分计算得到载体运动速度。

(3) 建立 SINS 误差模型,选取位置误差 $\boldsymbol{\delta p}$、速度误差 $\boldsymbol{\delta v}$、姿态误差 $\boldsymbol{\psi}$ 以及加速度计零偏 $\boldsymbol{b}_a$ 和陀螺零偏 $\boldsymbol{b}_g$ 为状态变量,选定 GNSS 位置、速度与 SINS 位置、速度之差作为卡尔曼滤波器的量测信息,利用间接卡尔曼滤波方法对误差

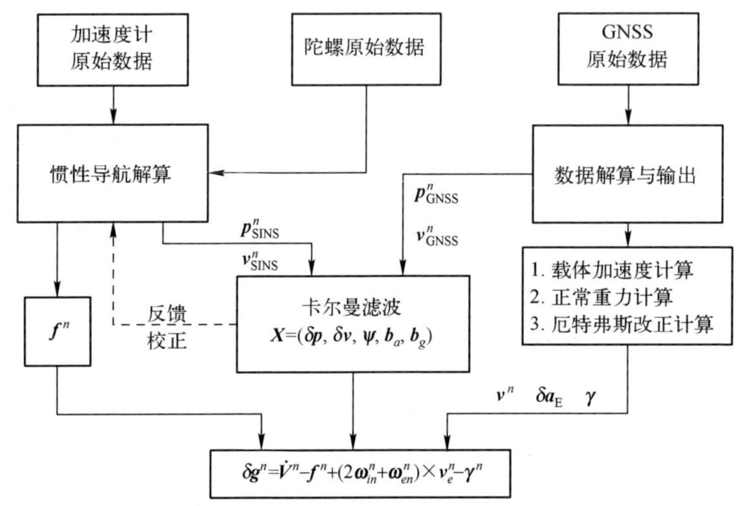

图 3.1 SINS/GNSS 重力测量方法流程图

状态量进行滤波估计,根据需要采用反馈校正方式对导航解算误差进行修正。在补偿了姿态误差和加速度计零偏后,得到 n 系下的比力测量值 $\boldsymbol{f}^n$。

(4) 利用(2)中得到的 n 系下 GNSS 位置和速度结果,由式(2.8)计算厄特弗斯改正项,由式(2.12)计算正常重力值,对 GNSS 位置信息进行二次差分计算,得到载体加速度信息 $\dot{\boldsymbol{v}}^n$。

(5) 利用式(2.5)计算扰动重力值 $\boldsymbol{\delta g}^n$,考虑重力信号的低频特性,需要将重力结果中包含的高频噪声进行低通滤波处理。

3.1.2 卡尔曼滤波方法

基于卡尔曼滤波估计方法在组合导航及重力测量领域应用非常广泛,卡尔曼滤波器可以实时估计系统参数,卡尔曼滤波的回路与更新过程可用图 3.2 表示。图中可以看出卡尔曼滤波存在增益、滤波计算两个回路,其中增益计算回路独立运行,滤波计算回路需要增益计算回路的数据支持,卡尔曼滤波器要在一个滤波周期内分别完成时间更新和量测更新两个过程。时间更新过程主要包括系统状态的一步预测计算(式(3.1))和一步预测方差的计算(式(3.2)),将时间从 $k-1$ 时刻推进至 k 时刻;量测更新对时间更新的修正量进行计算,计算时间更新质量评估 $\boldsymbol{P}_{k/k-1}$、量测信息质量评估 $\boldsymbol{R}_k$、量测关系矩阵 $\boldsymbol{H}_k$ 和具体量测值 $\boldsymbol{Z}_k$,进而得到估计修正量,完成滤波估计[121]。

在 SINS/GNSS 车载重力测量的卡尔曼滤波方法应用中,选取状态变量 $\boldsymbol{X}=[\boldsymbol{\delta p} \quad \boldsymbol{\delta v} \quad \boldsymbol{\psi} \quad \boldsymbol{b}_a \quad \boldsymbol{b}_g]$,GNSS 与 SINS 位置、速度之差作为观测矢量,利用建立

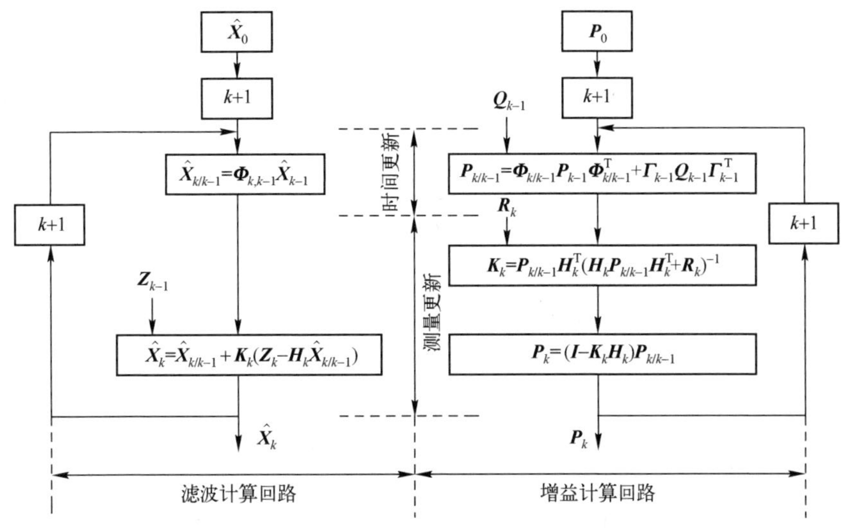

图 3.2　卡尔曼滤波的回路与更新过程

的系统误差模型及量测模型，递推计算获得状态变量的最优估计。由于 SINS 的导航误差增大会导致卡尔曼滤波精度的下降，本书选择采用反馈校正的方法对系统进行校正，反馈校正的基本步骤如下所示：

状态一步预测

$$\widetilde{X}_{k/k-1}=\mathbf{0} \tag{3.1}$$

预测方差

$$P_{k/k-1}=\Phi_{k,k-1}P_{k-1}\Phi^{T}_{k,k-1}+Q_k \tag{3.2}$$

状态估计

$$\widetilde{X}_k=K_k Z_k \tag{3.3}$$

滤波增益

$$K_k=P_{k/k-1}H^{T}_k(H_k P_{k/k-1}H^{T}_k+R_k)^{-1}\approx P_k H^{T}_k R^{-1}_k \tag{3.4}$$

估计方差

$$P_k=(I-K_k H_k)P_{k/k-1}(I-K_k H_k)^{T}+K_k R_k K^{T}_k\approx(I-K_k H_k)P_{k/k-1} \tag{3.5}$$

滤波初值

$$\widetilde{X}_0=E(\widetilde{X}_0)\quad P_0=E(\widetilde{X}_0\widetilde{X}^{T}_0) \tag{3.6}$$

3.1.2.1　状态方程

在 n 系下，SINS 的误差模型可以表示为

$$\begin{cases}\delta\dot{\boldsymbol{p}}=\delta\boldsymbol{v}\\ \delta\dot{\boldsymbol{v}}=[\boldsymbol{f}^n\times]\psi+\boldsymbol{C}_b^n\delta\boldsymbol{f}^b-(2\boldsymbol{\omega}_{ie}^n+\boldsymbol{\omega}_{en}^n)\times\delta\boldsymbol{v}-(2\delta\boldsymbol{\omega}_{ie}^n+\delta\boldsymbol{\omega}_{en}^n)\times\boldsymbol{v}-\delta\boldsymbol{g}^n\\ \dot{\psi}=-\boldsymbol{\omega}_{in}^n\times\psi+\delta\boldsymbol{\omega}_{in}^n-\boldsymbol{C}_b^n\delta\boldsymbol{\omega}_{ib}^b\end{cases} \tag{3.7}$$

式中 $\delta\boldsymbol{p}$——n 系下的位置误差；

$\delta\boldsymbol{v}$——n 系下的速度误差；

ψ——n 系下的姿态误差；

$[\boldsymbol{f}^n\times]$——$\boldsymbol{f}^n$ 的反对称矩阵；

$\delta\boldsymbol{f}^b$——加速度计的测量误差；

$\boldsymbol{\omega}_{ie}^n$——$n$ 系下地球自转角速度的表示；

$\boldsymbol{\omega}_{en}^n$——$n$ 系下 n 系相对 e 系的旋转角速度；

$\boldsymbol{\omega}_{in}^n$——$n$ 系下 n 系相对 i 系的旋转角速度；

$\boldsymbol{\omega}_{ib}^b$——$b$ 系下 b 系相对 i 系的旋转角速度；

$\delta\boldsymbol{\omega}_{ie}^n$——$\boldsymbol{\omega}_{ie}^n$的计算误差；

$\delta\boldsymbol{\omega}_{en}^n$——$\boldsymbol{\omega}_{en}^n$的计算误差；

$\delta\boldsymbol{\omega}_{in}^n$——$\boldsymbol{\omega}_{in}^n$的计算误差；

$\delta\boldsymbol{\omega}_{ib}^b$——$\boldsymbol{\omega}_{ib}^b$的测量误差，即陀螺的测量误差；

$\delta\boldsymbol{g}^n$——n 系下的扰动重力。

选择 SINS 的位置、速度和姿态的误差作为系统状态量，同时把加速度计和陀螺的零偏加入状态变量中，有 $\boldsymbol{X}(t)=[\delta\boldsymbol{p}\quad\delta\boldsymbol{v}\quad\psi\quad\boldsymbol{b}_a\quad\boldsymbol{b}_g]^{\mathrm{T}}$，则 15 状态的卡尔曼滤波状态方程为

$$\dot{\boldsymbol{X}}(t)=\boldsymbol{F}(t)\boldsymbol{X}(t)+\boldsymbol{G}(t)\boldsymbol{W}(t) \tag{3.8}$$

$$\dot{\boldsymbol{X}}(t)=\begin{bmatrix}\boldsymbol{M}_{11}&\boldsymbol{M}_{12}&\boldsymbol{0}&\boldsymbol{0}&\boldsymbol{0}\\ \boldsymbol{M}_{21}&\boldsymbol{M}_{22}&\boldsymbol{M}_{23}&\boldsymbol{C}_b^n&\boldsymbol{0}\\ \boldsymbol{M}_{31}&\boldsymbol{M}_{32}&\boldsymbol{M}_{33}&\boldsymbol{0}&-\boldsymbol{C}_b^n\\ \boldsymbol{0}&\boldsymbol{0}&\boldsymbol{0}&\boldsymbol{0}&\boldsymbol{0}\\ \boldsymbol{0}&\boldsymbol{0}&\boldsymbol{0}&\boldsymbol{0}&\boldsymbol{0}\end{bmatrix}\boldsymbol{X}(t)+\begin{bmatrix}\boldsymbol{0}&\boldsymbol{0}\\ \boldsymbol{C}_b^n&\boldsymbol{0}\\ \boldsymbol{0}&-\boldsymbol{C}_b^n\\ \boldsymbol{0}&\boldsymbol{0}\\ \boldsymbol{0}&\boldsymbol{0}\end{bmatrix}\begin{bmatrix}\boldsymbol{w}_a\\ \boldsymbol{w}_g\end{bmatrix} \tag{3.9}$$

式中

$$\boldsymbol{M}_{11}=\begin{bmatrix}0&0&\dfrac{-v_{\mathrm{N}}}{(R_{\mathrm{M}}+h)^2}\\ \dfrac{v_{\mathrm{E}}\cdot\tan L}{(R_{\mathrm{N}}+h)\cdot\cos L}&0&\dfrac{-v_{\mathrm{E}}}{(R_{\mathrm{N}}+h)^2\cdot\cos L}\\ 0&0&0\end{bmatrix} \tag{3.10}$$

$$\boldsymbol{M}_{21}=\begin{bmatrix} -v_{\mathrm{E}}\cdot\left(2\omega_{ie}\cdot\cos L+\dfrac{v_{\mathrm{E}}\cdot\sec^2 L}{R_{\mathrm{N}}+h}\right) & 0 & -\dfrac{v_{\mathrm{D}}\cdot v_{\mathrm{N}}}{(R_{\mathrm{M}}+h)^2}+\dfrac{v_{\mathrm{E}}^2\cdot\tan L}{(R_{\mathrm{N}}+h)^2} \\ 2\omega_{ie}(v_{\mathrm{N}}\cos L-v_{\mathrm{D}}\sin L)+\dfrac{v_{\mathrm{E}}v_{\mathrm{N}}\sec^2 L}{R_{\mathrm{N}}+h} & 0 & -\dfrac{v_{\mathrm{E}}\cdot v_{\mathrm{D}}}{(R_{\mathrm{N}}+h)^2}-\dfrac{v_{\mathrm{N}}\cdot v_{\mathrm{E}}\cdot\tan L}{(R_{\mathrm{N}}+h)^2} \\ 2\omega_{ie}\cdot v_{\mathrm{E}}\cdot\sin L & 0 & \dfrac{v_{\mathrm{E}}^2}{(R_{\mathrm{N}}+h)^2}+\dfrac{v_{\mathrm{N}}^2}{(R_{\mathrm{M}}+h)^2} \end{bmatrix} \tag{3.11}$$

$$\boldsymbol{M}_{31}=\begin{bmatrix} -\omega_{ie}\cdot\sin L & 0 & -\dfrac{v_{\mathrm{E}}}{(R_{\mathrm{N}}+h)^2} \\ 0 & 0 & \dfrac{v_{\mathrm{N}}}{(R_{\mathrm{M}}+h)^2} \\ -\omega_{ie}\cdot\sin L-\dfrac{v_{\mathrm{E}}}{(R_{\mathrm{N}}+h)\cdot\cos^2 L} & 0 & \dfrac{v_{\mathrm{E}}\cdot\tan L}{(R_{\mathrm{N}}+h)^2} \end{bmatrix} \tag{3.12}$$

$$\boldsymbol{M}_{12}=\begin{bmatrix} \dfrac{1}{R_{\mathrm{M}}+h} & 0 & 0 \\ 0 & \dfrac{1}{(R_{\mathrm{N}}+h)\cdot\cos L} & 0 \\ 0 & 0 & -1 \end{bmatrix} \tag{3.13}$$

$$\boldsymbol{M}_{22}=\begin{bmatrix} \dfrac{v_{\mathrm{D}}}{R_{\mathrm{M}}+h} & -2\omega_{ie}\cdot\sin L+2\cdot\dfrac{v_{\mathrm{E}}\cdot\tan L}{R_{\mathrm{N}}+h} & \dfrac{v_{\mathrm{N}}}{R_{\mathrm{M}}+h} \\ 2\omega_{ie}\cdot\sin L+\dfrac{v_{\mathrm{E}}\cdot\tan L}{R_{\mathrm{N}}+h} & \dfrac{v_{\mathrm{D}}+v_{\mathrm{N}}\cdot\tan L}{R_{\mathrm{N}}+h} & 2\omega_{ie}\cdot\cos L+\dfrac{v_{\mathrm{E}}}{R_{\mathrm{N}}+h} \\ -2\cdot\dfrac{v_{\mathrm{N}}}{R_{\mathrm{M}}+h} & -2\omega_{ie}\cdot\cos L+2\cdot\dfrac{v_{\mathrm{E}}}{R_{\mathrm{N}}+h} & 0 \end{bmatrix} \tag{3.14}$$

$$\boldsymbol{M}_{32}=\begin{bmatrix} 0 & \dfrac{1}{R_{\mathrm{N}}+h} & 0 \\ -\dfrac{1}{R_{\mathrm{N}}+h} & 0 & 0 \\ 0 & -\dfrac{\tan L}{R_{\mathrm{N}}+h} & 0 \end{bmatrix} \tag{3.15}$$

$$\boldsymbol{M}_{23}=\begin{bmatrix} 0 & -f_{\mathrm{D}} & f_{\mathrm{E}} \\ f_{\mathrm{D}} & 0 & -f_{\mathrm{N}} \\ -f_{\mathrm{E}} & f_{\mathrm{N}} & 0 \end{bmatrix} \tag{3.16}$$

$$M_{33}=\begin{bmatrix} 0 & -\omega_{ie}\cdot\sin L-\dfrac{v_{\mathrm{E}}\cdot\tan L}{R_{\mathrm{N}}+h} & \dfrac{v_{\mathrm{N}}}{R_{\mathrm{M}}+h} \\ \omega_{ie}\cdot\sin L+\dfrac{v_{\mathrm{E}}\cdot\tan L}{R_{\mathrm{N}}+h} & 0 & \omega_{ie}\cdot\cos L+\dfrac{v_{\mathrm{E}}}{R_{\mathrm{N}}+h} \\ -\dfrac{v_{\mathrm{N}}}{R_{\mathrm{M}}+h} & -\omega_{ie}\cdot\cos L-\dfrac{v_{\mathrm{E}}}{R_{\mathrm{N}}+h} & 0 \end{bmatrix} \tag{3.17}$$

其中,式(3.9)中的[**0**]矩阵为对应维数的全零矩阵。

3.1.2.2 量测方程

选取由 GNSS 位置、速度与 SINS 位置、速度之差作为滤波器的量测信息,量测方程可以表示为

$$\boldsymbol{Z}(t)=\boldsymbol{H}(t)\boldsymbol{X}(t)+\boldsymbol{V}(t) \tag{3.18}$$

具体地,

$$\boldsymbol{Z}(t)=\begin{bmatrix}\boldsymbol{\delta p}\\ \boldsymbol{\delta v}\end{bmatrix}=\begin{bmatrix}\boldsymbol{p}^{n}_{\mathrm{GNSS}}-\boldsymbol{p}^{n}_{\mathrm{SINS}}\\ \boldsymbol{v}^{n}_{\mathrm{GNSS}}-\boldsymbol{v}^{n}_{\mathrm{SINS}}\end{bmatrix} \tag{3.19}$$

$$\boldsymbol{H}(t)=\begin{bmatrix}\boldsymbol{I}_{3\times3} & \boldsymbol{0} & \boldsymbol{0} & \boldsymbol{0} & \boldsymbol{0}\\ \boldsymbol{0} & \boldsymbol{I}_{3\times3} & \boldsymbol{0} & \boldsymbol{0} & \boldsymbol{0}\end{bmatrix} \tag{3.20}$$

式中 $\boldsymbol{p}^{n}_{\mathrm{GNSS}}$——GNSS 所得 n 系下的位置;

$\boldsymbol{p}^{n}_{\mathrm{SINS}}$——SINS 所得 n 系下的位置;

$\boldsymbol{v}^{n}_{\mathrm{GNSS}}$——GNSS 所得 n 系下的速度;

$\boldsymbol{v}^{n}_{\mathrm{SINS}}$——SINS 所得 n 系下的速度;

$\boldsymbol{I}_{3\times3}$——单位阵。

3.2 车载环境下 GNSS 数据异常检测与修复方法

从航空重力测量到车载重力测量,车载重力测量不可避免地在多个方面与航空重力测量的环境存在差异,这也导致航空重力测量方法不能完全适用于车载重力的测量环境。本节以航空和车载重力测量中的 GNSS 应用为例,比较分析不同测量环境中 GNSS 的数据质量,为 GNSS 合理适用车载重力测量提供参考。

3.2.1 车载 GNSS 观测环境分析

在航空重力测量中,飞机按照设定好的航路规划在特定空域飞行特定的航

线,GNSS 观测环境比较理想,差分处理的 GNSS 结果主要由接收机性能及数据处理算法决定;而在车载重力测量中,沿着道路行驶的汽车因为受到较多干扰,比如有来往大车、跨路天桥及周围树木遮挡的影响,导致 GNSS 不时出现信号遮挡或采集数据中断等情况,观测环境比较复杂,从而在 GNSS 解算的过程中出现整周模糊度计算错误和数据中断等问题,接收机不断在信号采集与失锁重捕的状态间频繁切换,卫星几何构型不断发生变化,这给车载重力测量数据精度的保持与提高带来巨大挑战。

3.2.1.1 航空/车载 GNSS 测量数据比较

分别选取一次航空重力测量试验的 GNSS 数据和一次车载重力测量试验的 GNSS 结果,定量分析比较二者在数据质量上的差异。航空重力测量的 GNSS 数据选为 2015 年 1 月在新疆某地开展的一次航空重力测量试验,车载试验选择 2015 年 3 月在湖南长沙某公路上的一次重力测量试验数据。需要指出的是,这两次试验采用的是同一套重力仪设备、同样的 GNSS 基站和移动站接收机,采用同样的处理软件 Waypoint 对 GNSS 数据进行解析计算,如果二者的处理统计结果存在差异的话,那么这些差异就直接反映了不同 GNSS 观测环境的差异,这将对车载重力测量观测环境的影响有进一步的认识。

首先对比 GNSS 定位结果在高度通道上的区别。如图 3.3 所示,该图是车载重力测量采集的 GNSS 数据,整个试验过程一共测量了 4 条重复线,车辆海拔高度在 60～130m 之间随地形起伏而不断变化,其中在测线 2 时间段里有一段明显的定位数据解算失败的时间段(如图中椭圆虚线所示),这主要是在该时间段试验车去加油站加油、卫星信号被顶棚遮挡所致。而在航空重力测量中,飞行高度在海拔 1500m 左右,GNSS 观测条件非常好,几乎不存在信号遮挡的问题。从图 3.4 中所示的航空试验高度图也可看出,飞机飞行高度比较平稳,在自动驾驶仪的帮助下,飞行高度的标准差可以控制在 3m 左右。

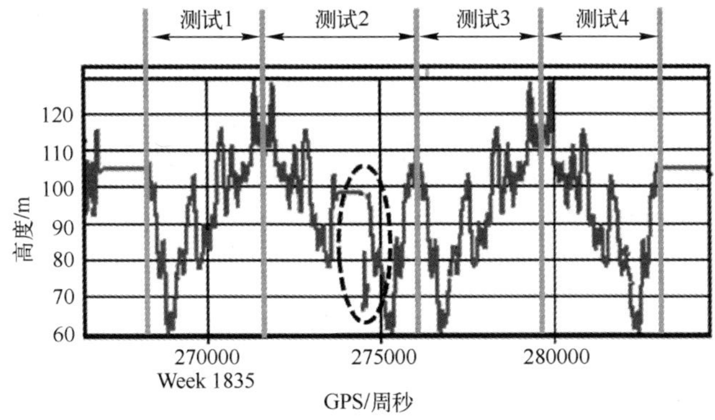

图 3.3　车载重力测量试验的高度

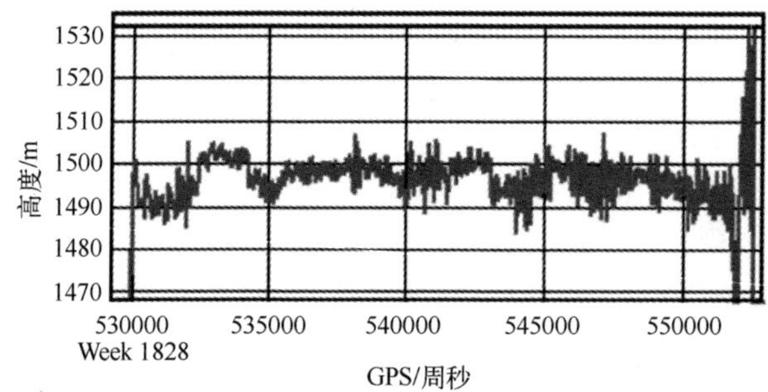

图 3.4 航空重力测量试验的高度

进一步分析航空和车载环境下 GNSS 的数据处理精度,DOP 值、位置估计精度如图 3.5~图 3.8 所示。

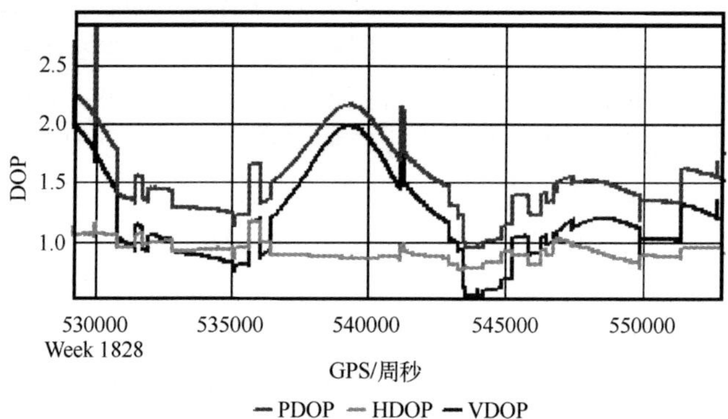

图 3.5 DOP 值(航空重力测量)

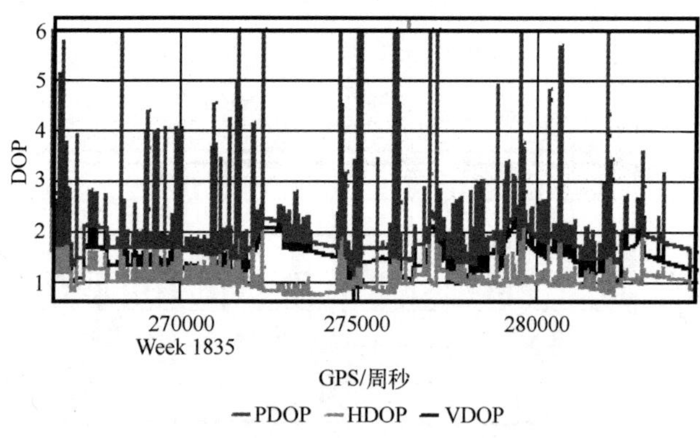

图 3.6 DOP 值(车载重力测量)

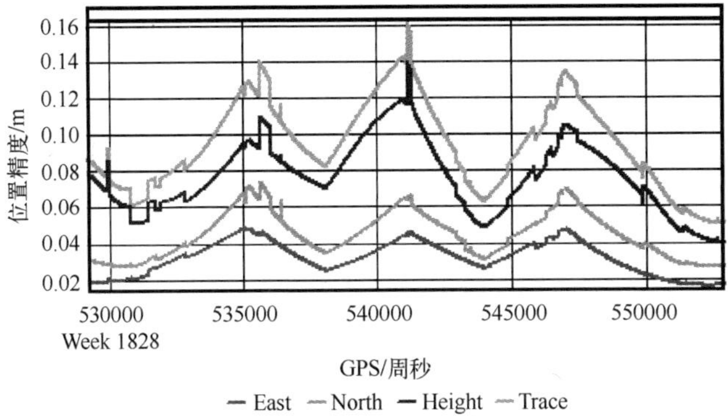

图 3.7　位置估计精度(航空重力测量)

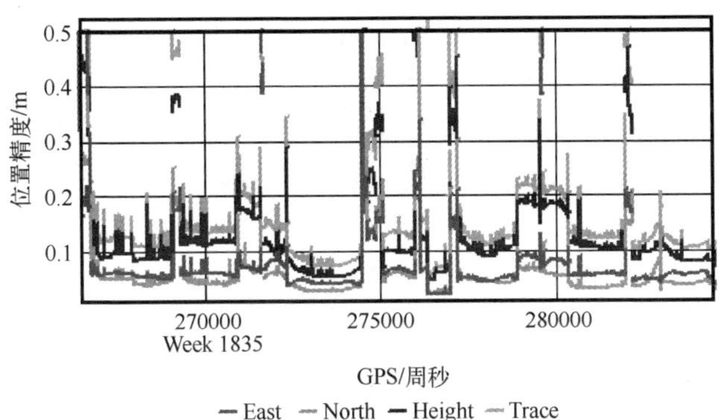

图 3.8　位置估计精度(车载重力测量)

航空与车载试验中 GNSS 结果的差异对比统计如表 3.1 所列。

表 3.1　航空与车载试验中 GNSS 结果的差异对比

对比项目	航空试验	车载试验
海拔高度	1500m	60~130m
高度变化标准差	3m	沿地形起伏
平均速度	60m/s	11m/s
DOP 值	0.8~2.3	0.8~5.8
可见卫星数	7~8	3~7
位置估计精度	δp_N:0.03~0.07m δp_E:0.02~0.05m δp_D:0.05~0.10m δp:0.06~0.14m	δp_N:0.04~0.08m δp_E:0.06~0.10m δp_D:0.08~0.14m δp:0.12~0.18m

（续）

对比项目	航空试验	车载试验
速度估计精度	δv_N:0.03~0.07m/s δv_E:0.02~0.05m/s δv_D:0.05~0.10m/s	δv_N:0.03~0.07m/s δv_E:0.02~0.05m/s δv_D:0.05~0.10m/s
双向计算位置误差	-0.08~0.14m	-0.50~0.60m
位置计算误差 RMS	0.10m	0.60m

从对比图和表的统计结果可以清晰看出，车载重力测量的 GNSS 与航空试验相比有两个特点：一是数据精度下降，不论从位置计算精度还是速度计算精度，车载试验的误差虽在同一数量级，但是误差却增加了 1 倍；二是数据精度变化频繁，由于信号遮挡、数据捕获跟踪不稳定等原因，车载环境下的 DOP 值以及计算精度频繁跳动，这对数据计算精度的提高带来不利的影响。由 SINS/GNSS 重力测量方法的基本原理可知，GNSS 在动基座重力测量中扮演着非常关键的角色，其计算精度的高低将直接影响着扰动重力结果的计算精度。

3.2.1.2 重力测量结果对比

以某次航空重力测量试验为例，经过规范试验操作，采用航空 SINS/GNSS 重力测量方法处理的扰动重力数据结果如图 3.9 所示。

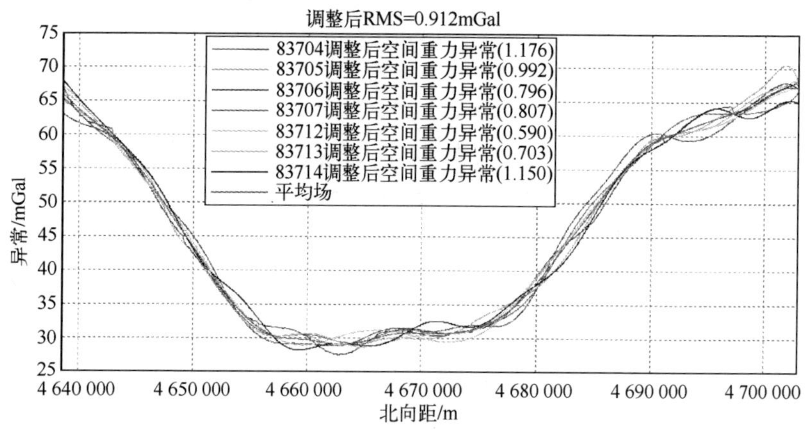

图 3.9 航空重力测量结果（FIR160 s）

从图 3.9 可以看出，经过 160s 低通滤波的处理，7 条长约 60km 的测线扰动重力内符合精度统计值为 0.91mGal，扰动重力数据变化平滑，趋势明显。

图 3.10 给出了一次车载重力测量试验的数据处理结果。试验路线选在一条高速公路上，采用传统 SINS/GNSS 重力测量方法进行处理，160s 低通滤波后的 4 条重复测线内符合精度达到 7.46mGal，并且重力数据变化剧烈，趋势不明显。当然，由此二图直接说明传统 SINS/GNSS 重力测量方法不能适用车载重力测量试验显然比较草率，缺乏依据。接下来就车载重力测量中 GNSS 的数据结果展开分析，希望通过对 GNSS 数据的修复，将 SINS/GNSS 重力测量方法应用于车载重力测量，达到提高数据测量精度的目的。

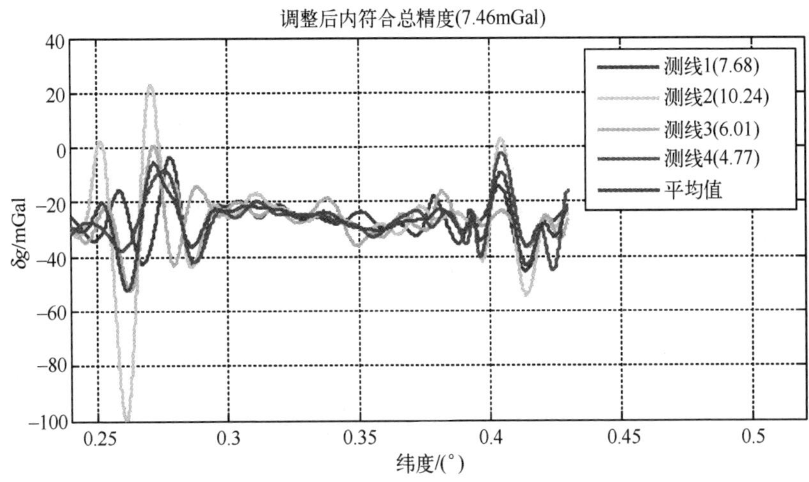

图 3.10 车载重力测量结果(FIR160s)

 3.2.2 GNSS 数据异常检测与修复

3.2.2.1 GNSS 初步修复

车载环境下的 GNSS 观测条件一般不理想，由于来往车辆、树叶和天桥的干扰、遮挡，GNSS 信号捕捉与跟踪难度较大，非常容易出现信号遮挡或采集数据中断等情况，初步分析修复 GNSS 数据结果，主要有以下三种办法。

1）修补空缺段数据

由于遮挡等原因，GNSS 天线无法完整实时记录下原始卫星星历和伪距的原始数据，这将导致在使用软件进行数据解算时，无法对丢失数据的时间段进行解算，从而造成解算数据的空缺。考虑试验过程中车辆基本处于平稳行驶的状态以及 2Hz 的 GNSS 解算频率，对该时间段空白数据进行插值处理，可以将 GNSS 空缺数据补齐为 2Hz 的结果。

2）剔除并修复明显错误的定位结果

在GNSS天线长时间受到遮挡无法正常接收信号时，不仅会出现数据空白无法解算的情况，也有很大可能出现由于整周模糊度计算错误导致载波相位差分定位方法出现较大计算偏差的情况。这种情况一般伴随着第一种情况出现，但是相比第一种情况，成因和处理过程会更加复杂。比如图3.3中椭圆部分所注，就是由于试验车进入加油站、天线被顶棚长时间遮挡所致。因为过大的位置、速度解算结果会对接下来的SINS/GNSS组合导航造成不利影响，很容易由于观测量不准确而导致滤波出现较大误差。另外，在采用位置差分方法计算载体加速度时，位置结果的跳变将导致加速度计算结果出现更大的跳变，滤波方法无法直接去除这种误差影响，进而此误差的存在将直接降低重力结果的计算精度，因此这类误差也需要予以修复。好在这种误差比较明显，多出现在车辆进入有顶棚遮挡的建筑物中或者在密集的高楼环境中，车辆途径这种特殊路段时，需要重点注意该时间段的GNSS结果是否会出现明显错误的定位结果。

3）GNSS定位结果预滤波处理

在将GNSS数据进行SINS/GNSS组合导航之前，对数据结果进行一次平滑滤波处理。虽然GNSS的优点在于没有积累误差，但实时计算结果也会由于多种误差的存在而导致噪声水平较高，根据车辆运动的实际情形，对GNSS结果进行一次平滑滤波处理，将有效降低GNSS定位噪声水平，有利于组合导航滤波稳定性的提高。

3.2.2.2 GNSS自动检测与修复

依据3.2.2.1节提出的方法可以实现对GNSS数据结果的初步修复，但是有些误差无法用肉眼分辨，所以需要有新的办法对GNSS数据进行检测和修复。针对车载重力测量特有的GNSS观测环境，本节尝试利用捷联式重力仪惯导系统对GNSS数据质量加以评估，在将GNSS原始结果用于SINS/GNSS组合导航解算和重力计算之前，首先定位GNSS存在的异常数据位置及误差等问题。

安装在重力仪上的加速度计和陀螺均为导航级惯性器件，短时间内惯性导航精度较高且不受外界环境影响，而GNSS虽然不存在累积误差，但是受观测环境影响较大。在传统方法中，主要是利用SINS/GNSS组合的方法来提高导航定位的精度。本节选择采用SINS/GNSS组合导航的方法来检验、评估GNSS在某一时刻是否存在较大的测量误差。短时间内的惯性导航结果可以认为是准确的，于是在3.1.2节的卡尔曼滤波方法中，引入GNSS位置和速度量测信息作为观测量，在与导航解算得到的位置和速度信息作差值处理时，如果残差过大

(超出某一阈值 ε),说明该时刻 GNSS 量测信息可能存在较大的测量误差。在量测信息本身就存在较大误差的情况下直接进行组合导航计算,显然会导致卡尔曼滤波出现震荡,滤波精度将会受到较大影响。因此,需要将这些原始 GNSS 结果中可能出现问题的地方标记出来并进一步判断其是否为真正的数据异常点,对异常点 GNSS 结果进行修复。将修复完成的 GNSS 结果再次与 SINS 数据做卡尔曼滤波组合导航,从而得到高精度的组合导航定位结果和比力测量信息。

考虑车载试验的实际情况,选择高度通道的差值作为评价 GNSS 数据是否存在异常的依据。车辆沿路面行驶,运动方式受非完整性约束条件限制,除非在路面不平、发生颠簸的情况下,车辆才会在高度方向上出现较大跳动,而对正常行驶在公路上的汽车而言,试验车所在的海拔高度应该是随地形起伏、缓慢变化的。在这过程中,高度的数值变化剧烈,超过阈值,如果该时刻的纬度和经度方向上也出现跳变,那么可以将该时刻 GNSS 结果确定为数据异常点。

总结起来,对 GNSS 结果进行数据异常检测与修复的步骤如下:

(1) 采用 Waypoint 软件对 GNSS 原始数据进行数据转换和解算,获取初始 GNSS 计算结果。

(2) 检查初始 GNSS 文件是否为 2Hz 频率的输出结果。如果存在数据丢失,采用插值方法将其补齐为 2Hz 的结果。

(3) 对 SINS 数据和 GNSS 数据做时间同步处理,进行 SINS/GNSS 组合导航滤波计算,通过 SINS 计算得到的位置、速度与 GNSS 对应的量测值作差(这里选取有代表性的高度通道差值 δh 作为衡量标准),由车辆行驶的实际情况确定阈值 ε,对 δh 超过 ξ 的 GNSS 位置进行标记。

$$\delta h = h_{\text{GNSS}} - h_{\text{SINS}} \tag{3.21}$$

$$\text{Index}_{\delta h} = \begin{cases} 0, & |\delta h| \leqslant \xi \\ 1, & |\delta h| > \xi \end{cases} \tag{3.22}$$

(4) 在原始 GNSS 数据中对标记的疑似异常点进行全面检查、筛选,定位车载 GNSS 的数据异常点。

(5) 对 GNSS 数据异常点进行修复。

GNSS 数据异常检测与修复的流程如图 3.11 所示。

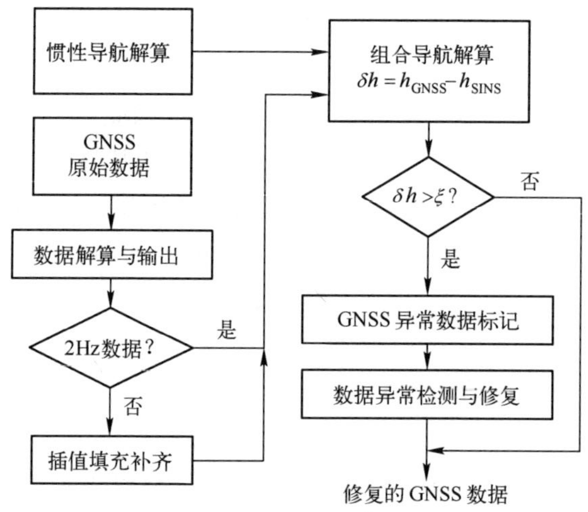

图 3.11　GNSS 数据异常检测与修复的流程

3.3　改进的 SINS/GNSS 车载重力测量方法试验验证

3.3.1　改进的 SINS/GNSS 车载重力测量方法流程图

通过 3.2 节对车载环境下 GNSS 结果的异常检测与修复，GNSS 数据精度得到一定程度的提高。在进行卡尔曼滤波和加速度计算之前，需要首先对 GNSS 进行数据异常检测与修复处理，改进后的 SINS/GNSS 车载重力测量方法如图 3.12所示。

下面通过两次实际车载试验，采用改进的 SINS/GNSS 车载重力测量方法对实测数据进行处理，以验证该方法的可行性和有效性。

3.3.2　车载重力测量试验一

3.3.2.1　试验简介

开展车载重力测量试验初始阶段，最好选择路况较好、车流量较少的测量条件，2015 年 3 月，采用 SGA-WZ02 重力仪系统在湖南长沙东部开展了一次车载重力测量试验[87]。有关 SGA-WZ02 系统的组成，详见附录 B。

重力测量试验路线如图 3.13 所示，图中标识的起点和终点分别为测线的两个端点，测线长度约为 35km。试验车在两个端点之间行驶，共获得两个来回

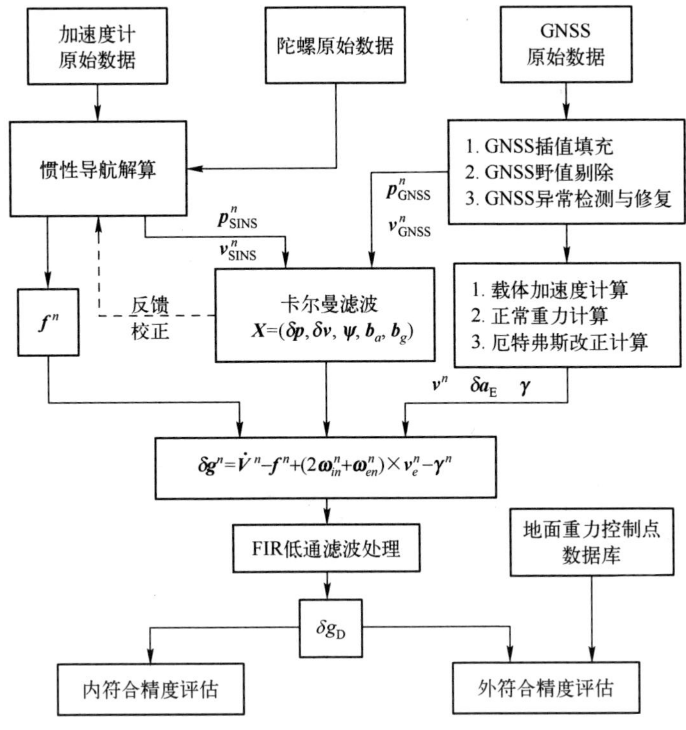

图 3.12　改进后的 SINS/GNSS 车载重力测量方法流程图

4 条重复测线数据，其中第 1、3 条测线为试验车由南向北方向行驶，第 2、4 条测线为由北向南方向行驶测得，来回不同方向的公路间距约为 10m。在整个试验过程中，试验车尽量保持 40km/h 的匀速行驶状态，减少急转弯、急刹车等情况的出现。

地面差分 GNSS 基站布设在学校实验楼的楼顶位置（图中圆点位置），与测线位置大约相距 30km，此处架设基站天线可以为接收机提供理想的静态观测条件。GNSS 移动站天线采用磁铁吸附车顶的安装方式，移动站天线放置在重力仪正上方，天线中心与重力传感器中心的杆臂值为 $L=[0\quad 0\quad -1]^{\mathrm{T}}$m，在后期数据处理时需要对其杆臂误差进行校正。

3.3.2.2　数据处理及试验结果

在本次试验中，GNSS 高度曲线如图 3.3 所示，在进加油站期间存在数据空缺和计算失败的时间段。对该段 GNSS 数据采用 3.2.2 节中的方法进行处理，因为可以确认试验车在加油站期间处于熄火停车状态，所以这一期间车辆位置保持不变，速度为零，因此将原始 GNSS 中野值剔除并填充为采样频率 2Hz 的数据。需要注意的是，整个过程中进行数据填充的不仅只有此时间段，

图 3.13　车载重力测量试验路线(平汝高速)

在几次进入收费站停车时期 GNSS 解算均出现数据丢帧和短时定位失败的问题,采用剔除、插值填充的方法,实现对 GNSS 数据的初步修复。按照改进 SINS/GNSS 重力测量数据处理流程,将修复后的 GNSS 数据用于本次车载试验的数据处理。

本次车载重力试验的 4 条测线可以视为重复测线,因此通过对重复测线内符合精度的评估可以反映出 SGA-WZ02 重力仪系统自身的稳定性。为了更好地验证系统的准确性,使用 CG-5 地面重力仪测量得到的地面重力数据作为捷联式重力仪外符合精度评估的重力参考基准。CG-5 重力仪由美国 Scintrex 公司(后并入 LCR 公司)生产,在预热充分、工作稳定的状态下,其测量精度可以达到 5~10μGal 量级,数据精度足以满足作为车载重力外部参考数据的要求。CG-5 重力仪建立重力基准参考的试验步骤与数据处理具体过程,详见附录 C。

本次试验 SGA-WZ02 系统一共获得 4 条重复测线数据,经过比力测量、载体加速度计算以及各项误差校正,200s FIR 低通滤波器处理的重复线测量结果如图 3.14 所示。

本次试验,4 条重复线扰动重力内符合精度和外符合精度统计结果如表 3.2所列。

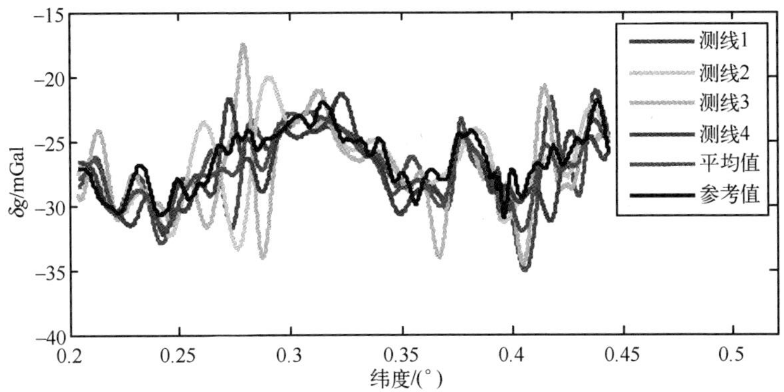

图 3.14 200s FIR 低通滤波器处理的重复线测量结果(FIR200s)

表 3.2 FIR200s 重力测量精度统计(单位:mGal)

		最大值	最小值	平均值	均方根(每条测线)	总均方根
内符合精度					ε_j	ε
	测线 1	4.24	-4.09	0.02	1.44	1.86
	测线 2	6.64	-6.68	0.33	2.03	
	测线 3	8.02	-6.82	-0.08	2.17	
	测线 4	5.85	-5.80	-0.26	1.70	
外符合精度					σ_j	σ
	测线 1	4.55	-6.61	-0.63	2.15	2.27
	测线 2	4.85	-8.93	-0.32	2.27	
	测线 3	7.30	-8.97	-0.72	2.71	
	测线 4	4.29	-5.55	-0.91	1.88	

需要指出的是,本次试验沿南北方向的公路开展,在呈现重力测量结果时也是按照纬度方向由小到大(由南向北)展开,横轴"纬度"采用相对坐标的表示方式。另外,扰动重力精度与分辨率之间存在折中,随着滤波周期的增大,得到数据精度更高的同时也降低了重力数据的分辨率。关于空间分辨率的定义,文献[58,78]已详细给出,这里只作简要介绍。

原始数据的空间分辨率为

$$\lambda = v/f_{\mathrm{T}} \tag{3.23}$$

式中 v——运动速度；

f_{T}——采样频率。

由于原始的重力数据中含有高频噪声，采用 FIR 低通滤波器处理后的重力数据分辨率为

$$\lambda = v/(2f_{\mathrm{c}}) = vT_{\mathrm{c}}/2 \tag{3.24}$$

式中 f_{c}——采样频率；

T_{c}——采样频率。

因此，本次车载试验的试验结果可以描述为：经过 200s FIR 低通滤波处理，4 条重复线的扰动重力内符合精度为 1.86mGal，外符合精度为 2.27mGal，重力结果的空间分辨率为 1.1km。

采用相同的计算方法，得到经过 FIR300s 低通滤波后的结果如图 3.15 所示。

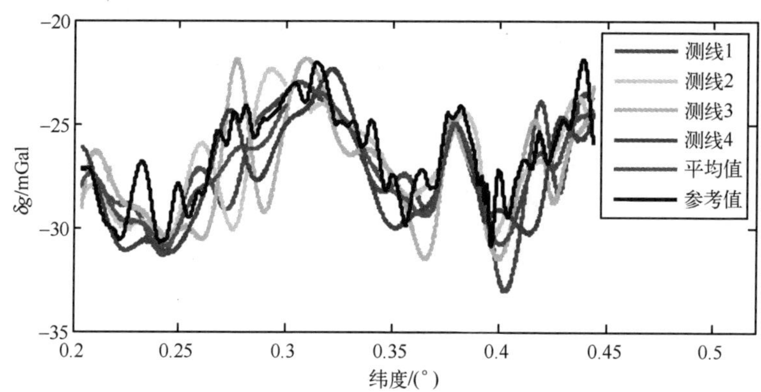

图 3.15 改进 SINS/GNSS 重力测量结果（FIR300s）

重复测线内符合和外符合精度的统计结果如表 3.3 所列。

表 3.3 FIR300s 重力测量精度统计（单位：mGal）

		最大值	最小值	平均值	均方根（每条测线）	总均方根
内符合精度					ε_j	ε
	测线 1	2.49	−2.50	−0.02	0.98	1.22
	测线 2	3.30	−3.79	0.39	1.25	
	测线 3	4.35	−3.39	−0.10	1.40	
	测线 4	4.35	−3.39	−0.27	1.21	

（续）

		最大值	最小值	平均值	均方根（每条测线）	总均方根
外符合精度					σ_j	σ
	测线 1	2.48	-5.39	-0.78	1.77	1.74
	测线 2	2.53	-5.69	-0.37	1.57	
	测线 3	2.88	-4.52	-0.86	1.89	
	测线 4	2.53	-4.23	-1.03	1.73	

分析精度结果的统计图表可以看出，经过 300s FIR 低通滤波的数据虽然分辨率下降到 1.7km，但内符合精度和外符合精度均有一定程度提升，分别为内符合精度 1.22mGal、外符合精度 1.74mGal。

实际上在对每条测线进行测量期间，试验车的行驶状态和路况环境均不可能完全相同，因此每条测线的重力结果中也不可避免地包括这类偏差成分。将 4 条重复测线两两对比，分析每两条测线间的内符合精度结果，如表 3.4 所列。

表 3.4　重复测线两两比较的内符合精度统计（单位：mGal）

滤波长度		最大值	最小值	平均值	均方根
200s	测线 1-测线 2	3.09	-3.21	-0.15	**1.19**
	测线 1-测线 3	4.60	-4.61	0.05	1.41
	测线 1-测线 4	4.80	-4.95	0.11	1.39
	测线 2-测线 3	6.66	-7.33	0.20	**1.99**
	测线 2-测线 4	4.17	-5.17	0.30	1.49
	测线 3-测线 4	4.90	-2.55	0.13	1.43
300s	测线 1-测线 2	1.44	-1.98	-0.21	**0.68**
	测线 1-测线 3	2.45	-3.29	0.02	0.97
	测线 1-测线 4	2.81	-2.40	0.12	0.96
	测线 2-测线 3	3.33	-4.06	0.25	**1.24**
	测线 2-测线 4	2.34	-2.85	0.33	1.02
	测线 3-测线 4	2.65	-1.85	0.13	0.96

从表中可以看出，测线 1 和测线 2 之间的均方根误差较小，而测线 2 和测线 3 的均方根最大，这样的结果初步说明测线 2 与测线 1 的测量环境较为相似，而测线 2 与测线 3 的测量环境差别较大。这其中可能有以下几个原因：第一，不同测线测量器件的路况不同，某一时期连续遇到多个来往行驶的车辆使得重力测量结

果不稳定;第二,试验车没有自动巡航功能,匀速平稳的行驶状态对驾驶员要求苛刻,再加上长时间作业难免出现疲劳驾驶和行驶不稳定的情况。本次试验的启示是,在开展车载重力测量重复线期间,应尽量保证车辆行驶的平稳性,减少急刹车、急转弯的出现,并且尽量选择在车辆较少的道路上进行重力测量以减少外部不确定因素的干扰。另外,车载重力测量低通滤波周期的选择,需要根据试验任务的分辨率需求、道路状况及车辆行驶速度等因素加以综合考虑。

3.3.3 车载重力测量试验二

3.3.3.1 试验简介

本次车载重力试验路线选择为长沙西部的岳临高速公路,如图 3.16 所示。测线段公路大致呈南北方向,测线长度约 25km,试验车行驶平均速度为 40km/h。在整个试验过程中,试验车驾驶比较平稳,公路上车辆较少,偶有大货车从旁经过有所干扰,道路两旁有树木、山丘延绵,GNSS 观测信号一般。

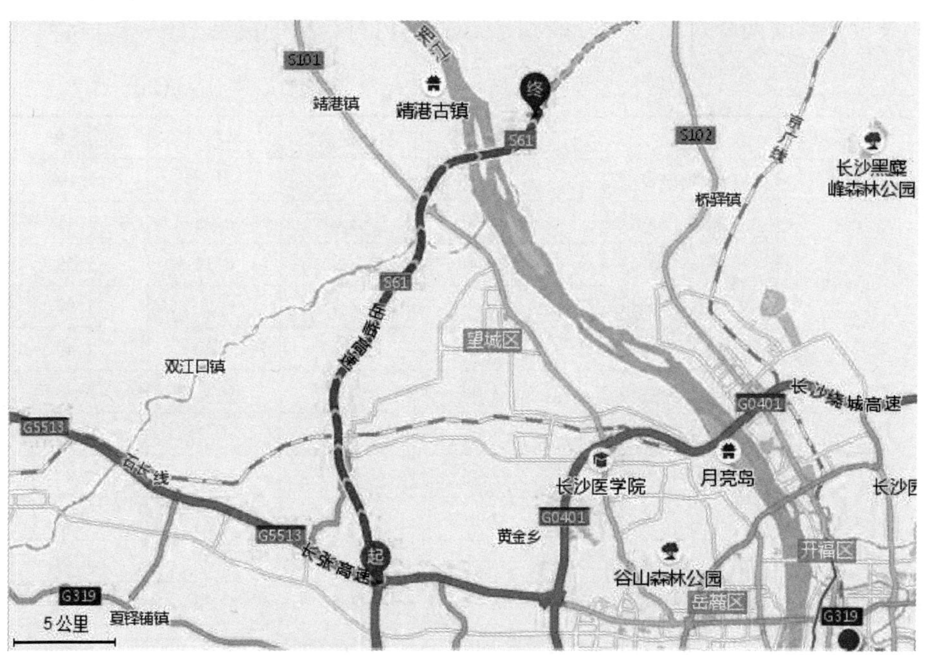

图 3.16 车载重力测量试验路线(岳临高速)

3.3.3.2 数据处理及试验结果

采用 Waypoint 软件直接计算输出未经修复处理的差分 GNSS 结果进行 SINS/GNSS 组合导航和载体加速度计算,得到的扰动重力内符合精度、外符合精度统计如图 3.17 所示。

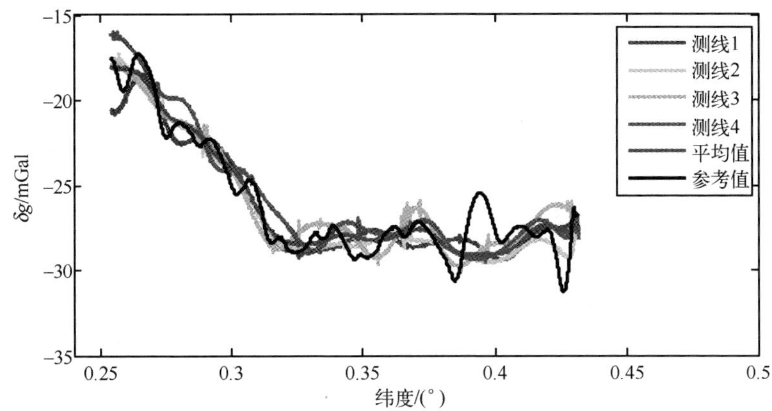

图 3.17　SINS/GNSS 扰动重力测量结果(差分 GNSS)

利用差分 GNSS 结果计算的扰动重力数据统计如表 3.5 所列。

表 3.5　FIR300s 重力测量精度统计(单位:mGal)

		最大值	最小值	平均值	均方根(每条测线)	总均方根
内符合精度					ε_j	ε
	测线 1	1.03	−2.67	−0.22	0.67	0.64
	测线 2	0.73	−1.60	−0.33	0.47	
	测线 3	1.70	−1.33	0.10	0.67	
	测线 4	2.16	−0.73	0.45	0.73	
外符合精度					σ_j	σ
	测线 1	3.80	−3.34	−0.22	1.26	1.29
	测线 2	2.20	−4.06	−0.33	1.15	
	测线 3	5.08	−3.68	0.10	1.33	
	测线 4	3.29	−3.99	0.44	1.41	

分析表 3.5,由差分 GNSS 结果计算得出的扰动重力内符合精度为 0.64mGal,外符合精度为 1.29mGal,对应 300s FIR 低通滤波器,扰动重力分辨率约为 1.7km。然而值得引起注意的是,图 3.16 中扰动重力结果存在较多毛刺现象,这些毛刺不该存在于实际重力信号中,因此合理地去掉这些毛刺显得很有必要。采用 3.2.2 节提出的 GNSS 数据异常检测与修复方法,选择阈值 $\xi=$

0.2，高度差值 δh 在整个试验过程中的结果如图 3.18 所示。

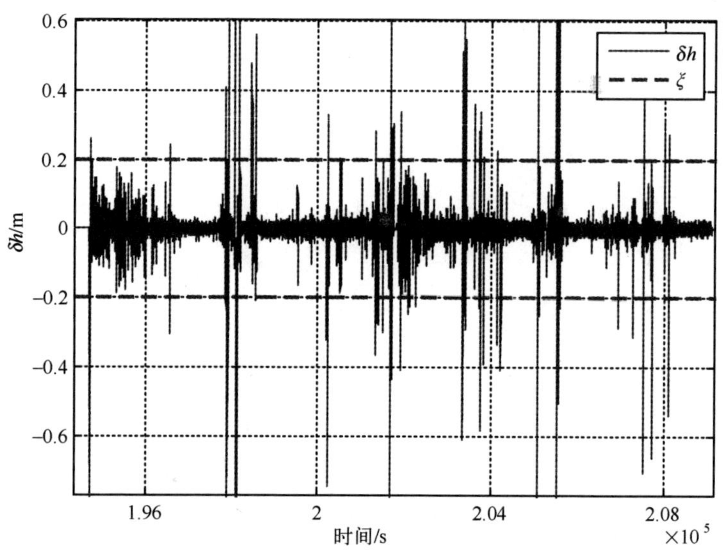

图 3.18　高度差值 δh 在整个试验过程中的结果

将高度差值超过 0.2m 的点在原始 GNSS 结果图中标记出来，如图 3.19 所示。其中实线是采用差分 GNSS 方法计算得到的结果，为了更好查找差分 GNSS 结果存在的问题，选择 PPP 结果作为参考，虚线为 PPP 方法计算得到的结果。为了显示清楚，将图上两处有代表性的区域进行放大处理。

从图中可以看出，在标记点位置差分 GNSS 高度结果均出现了不规律、不正常的跳动，这种跳变不是由于车辆行驶过程中的跳动所致，而是由 GNSS 计算错误造成，因此这些点的位置信息误差较大，不能准确反映车辆行驶的真实状态。另外，载体的加速度信息也由此 GNSS 结果通过位置二次差分方法得出，在位置结果本就存在跳变的情况下，二次差分的计算会把这个误差进一步扩大，最终对载体加速度计算精度造成严重影响。检查标记点在纬度、经度方向上的表现，发现与高度方向一样，标记点位置同样存在跳变，因此将其判定为 GNSS 数据异常点，然后对其进行修复处理。

对 GNSS 数据异常点在纬度、经度和高度三个方向分别进行线性插值，采用 3.2.2.2 节方法对初始差分 GNSS 定位结果进行修复。将修复后的 GNSS 数据利用 SINS/GNSS 重力测量方法重新进行组合导航计算比力测量值，重新计算运动加速度，按照 3.1.1 节数据处理流程，得到 GNSS 修复后的扰动重力统计结果，如图 3.20 所示。

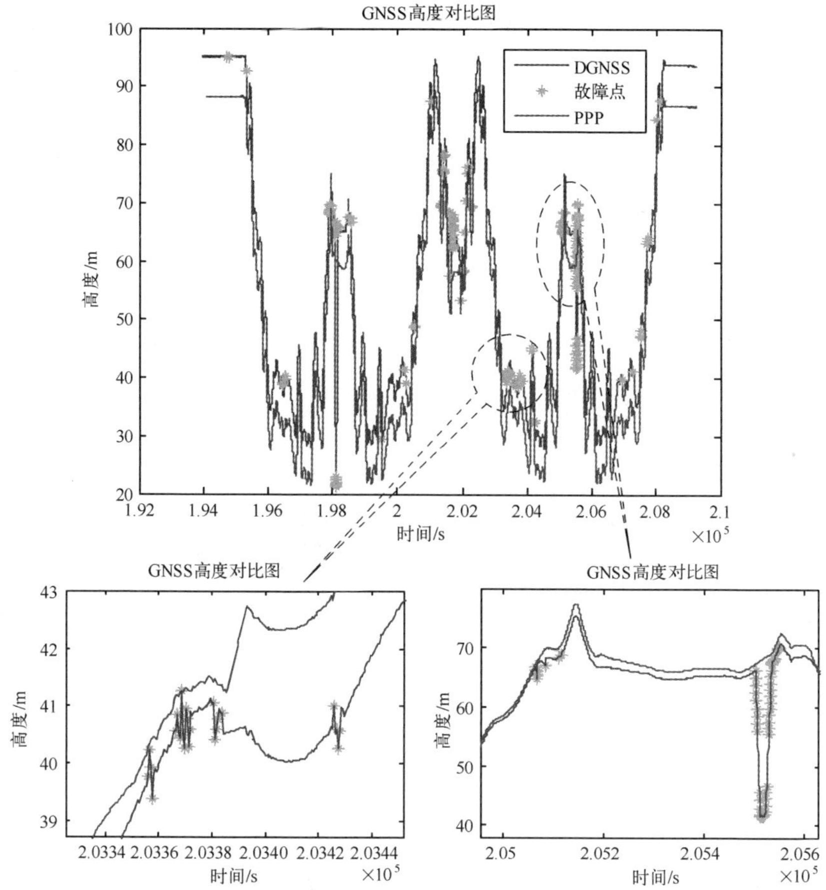

图 3.19　GNSS 高度对比和异常点标记

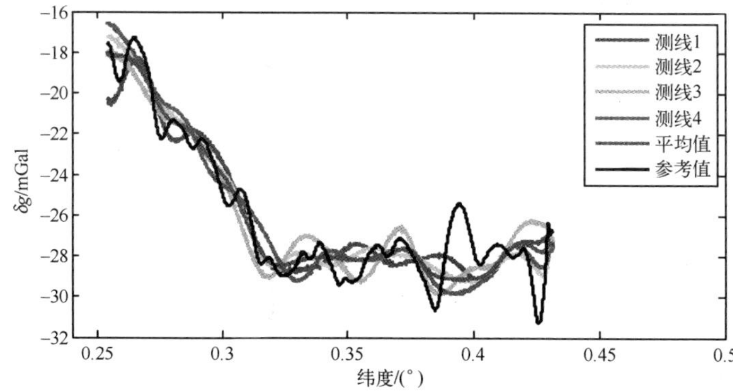

图 3.20　改进 SINS/GNSS 扰动重力测量结果(修复后)

修复 GNSS 后的扰动重力结果数据统计如表 3.6 所列。

表 3.6 FIR300s 重力测量精度统计(单位:mGal)

		最大值	最小值	平均值	均方根(每条测线)	总均方根
内符合精度					ε_j	ε
	测线 1	1. 13	−2. 43	−0. 22	0. 61	0. 55
	测线 2	0. 93	−1. 21	−0. 33	0. 35	
	测线 3	1. 43	−1. 12	0. 10	0. 65	
	测线 4	1. 54	−1. 01	0. 45	0. 54	
外符合精度					σ_j	σ
	测线 1	4. 02	−3. 09	−0. 22	1. 24	1. 24
	测线 2	2. 53	−3. 74	−0. 33	1. 11	
	测线 3	4. 97	−3. 78	0. 10	1. 32	
	测线 4	2. 85	−4. 43	0. 44	1. 29	

与未经修复直接使用的 GNSS 结果相比,修复后的 GNSS 参与重力数据处理,测线上的毛刺现象明显减少,内符合精度和外符合精度均得到一定提升,其中内符合精度由 0. 65mGal 提高到 0. 55mGal,外符合精度由 1. 29mGal 提高到 1. 24mGal,内、外符合精度的提高证明了该方法在修复 GNSS、提高重力测量精度方面确实有效。

实际上,车载环境下 GNSS 误差源复杂,导致定位结果精度不高,这种问题普遍存在于车载试验的 GNSS 结果中,而且往往设置一次阈值并不能完全消除明显的毛刺现象。通过不断减小阈值可以逐渐减少毛刺现象,从而达到提高扰动重力测量精度的目的。如图 3. 21 所示,以一次车载试验的 GNSS 修复处理为例,通过不断减小阈值,毛刺现象基本消失,单条测线扰动重力测量精度得到一定程度提升。

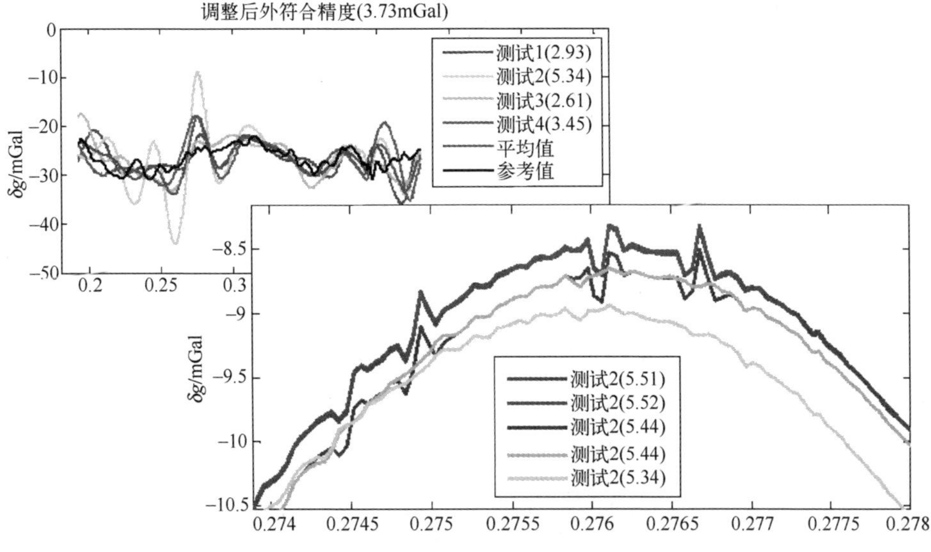

图 3.21　改进 SINS/GNSS 扰动重力测量结果(多次修复)

3.4　基于 PPP 技术的车载重力测量方法

差分 GNSS 在改进 SINS/GNSS 车载重力测量方法中得到成功应用,在较短基线测量的条件下,使用差分 GNSS 可以有效消除双接收站的共性误差,从而达到高精度导航、高精度测量的目的。然而,GNSS 误差源具有时空相关性,由于受到基线距离的限制差分模式下卫星共视的要求导致导航资源利用效率下降等问题,这在一定程度上限制了差分模式的 GNSS 在该领域的应用前景[14]。精密单点定位(Precise Point Positioning,PPP)作为一种非差分模式的 GNSS 应用,近十几年来受到广泛关注,其独有的特点使得其会在未来有着广泛的发展前景。

 3.4.1　PPP 基本原理

PPP 是只使用一个卫星接收机的观测值,利用高精度卫星轨道参数和钟差参数,建立导航误差模型和参数估计等方法,获得高精度接收机动态定位信息的一种卫星导航技术。

与 PPP 相比,一方面如果差分模式下的 GNSS 基线距离过长,差分方法去除相关性误差的效果不够理想,基线长度的增加将会导致计算残差的增大,从

而影响整周模糊度解算精度,进而影响导航定位的精度;另一方面,由于差分GNSS方法要求参与解算的卫星信号必须是基站和移动站共同可见的,这将导致卫星利用率的下降,如果共视卫星数量不多,卫星几何分布构型不会理想,这将最终导致导航定位精度的下降。所以在GNSS应用条件不佳或差分GNSS条件不具备时,可以考虑采用PPP方法完成车载重力测量任务。

简要地说,采用PPP方法需要具备以下条件:一是解算过程需要同时使用伪距观测量和载波相位观测量;二是需要厘米级卫星轨道定位精度和纳秒级卫星钟差改正精度;三是需要采用建模方法估计和消除多种GNSS误差项如电离层误差、对流层误差、多路径效应误差和接收机钟差等,从而得到高精度定位解算结果[14]。

为SGA-WZ02配备的GNSS系统中,接收机可以采集原始伪距和载波相位观测量数据,试验结束后,从国际GNSS服务组织(Internnational GNSS Service,IGS)网站下载精密星历和精密钟差文件,可以完成PPP计算。本书将以PPP方法用于车载重力测量为背景,对差分GNSS与PPP的数据结果展开对比分析,以探讨不同GNSS应用模式下不同的计算结果对车载重力测量产生何种不同影响,以期找到PPP方法适应于车载重力测量的有效办法。

 3.4.2 PPP车载对比试验

选取3.3.3节所述的车载试验GNSS原始数据,利用Waypoint软件分别对基站数据和移动站数据进行差分GNSS处理,然后利用从IGS网站下载的精密钟差和精密星历文件对移动站原始观测进行PPP处理。数据处理对比的项目主要有位置估计精度、速度估计精度、PDOP值及数据处理质量因子等,对比结果如图3.22~图3.29所示。

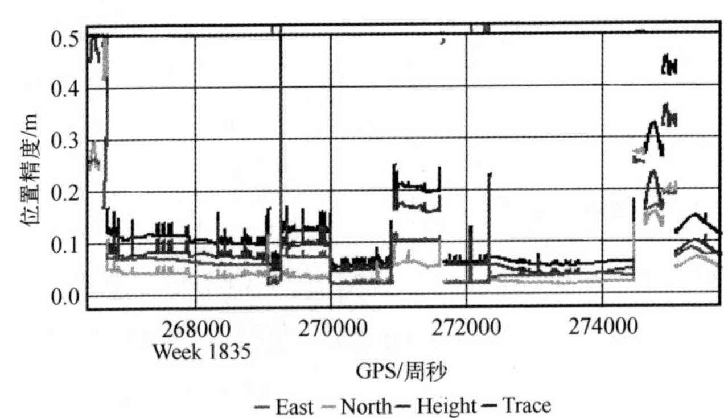

图3.22 位置估计精度(差分GNSS)

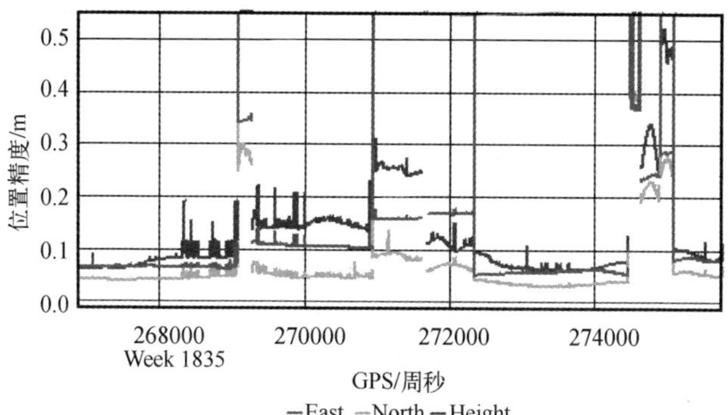

图 3.23　位置估计精度(PPP)

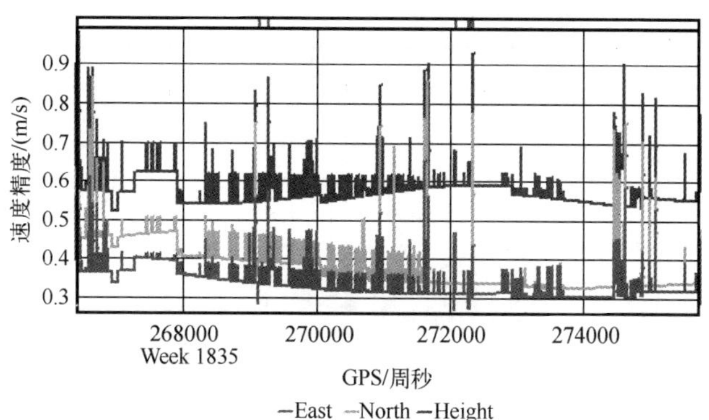

图 3.24　速度估计精度(差分 GNSS)

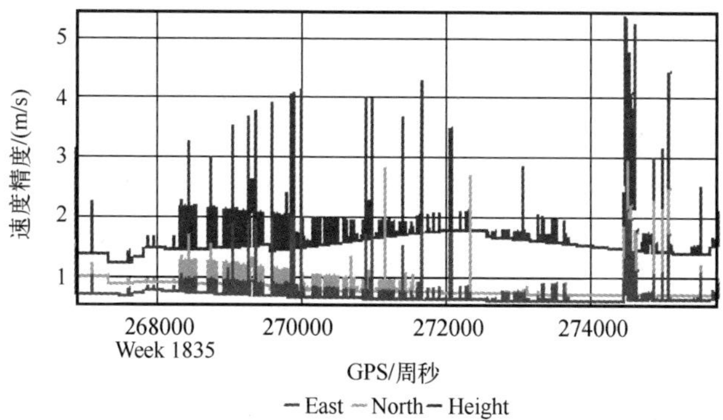

图 3.25　速度估计精度(PPP)

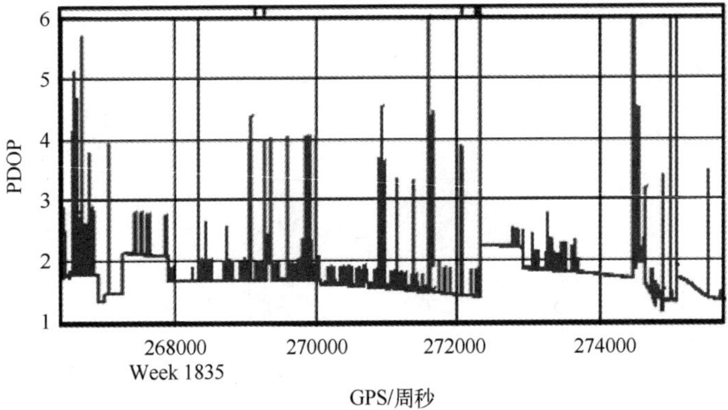

图 3.26 PDOP 值(差分 GNSS)

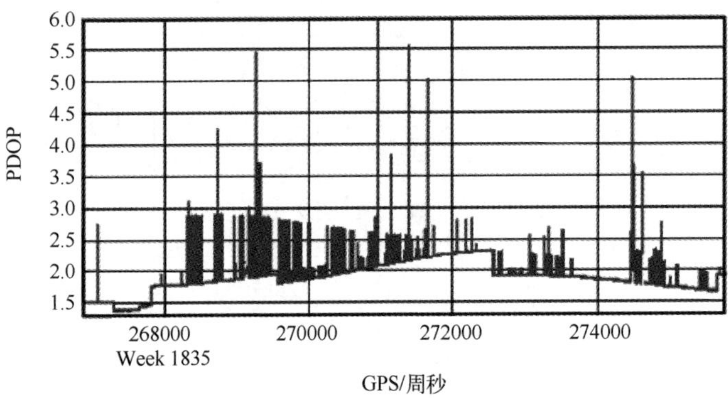

图 3.27 PDOP 值(PPP)

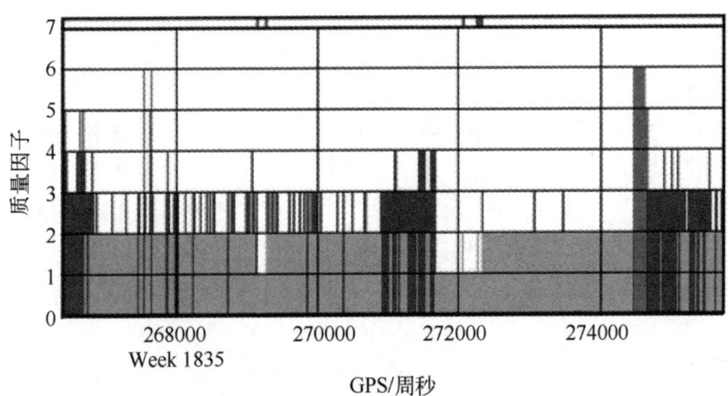

图 3.28 数据处理质量因子(差分 GNSS)

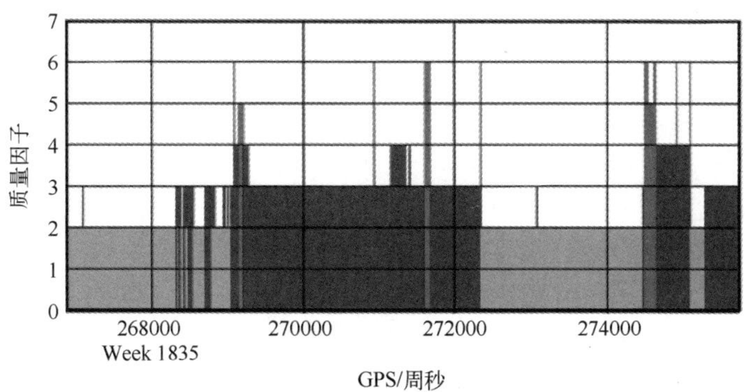

图 3.29 数据处理质量因子(PPP)

关于差分 GNSS 与 PPP 处理结果的详细对比,如表 3.7 所列。

表 3.7 差分 GNSS 与 PPP 处理结果的详细对比

		差分 GNSS	PPP
测量值误差均方根	L1 相位	0.015m	0.0079m
	C/A 码	1.33m	2.03m
	L1 多普勒	0.052m/s	0.028m
定位误差 RMS	δp_N	0.658m	1.139m
	δp_E	0.363m	1.907m
	δp_D	1.516m	3.760m
定位误差比例	0.00~0.10m	46.9%	24.3%
	0.10~0.30m	44.1%	59.3%
	0.30~1.00m	7.5%	14.1%
	1.00~5.00m	1.5%	2.1%
	>5.00m	0.0%	0.2%
质量因子比例(Q1 最好,Q6 最差)	Q 1	8.4%	0.0%
	Q 2	71.5%	48.3%
	Q 3	16.4%	40.8%
	Q 4	1.8%	8.0%
	Q 5	0.4%	2.2%
	Q 6	1.6%	0.7%

从以上系列图表对比统计可以看出,对于车载重力测量应用环境,不论是采用差分 GNSS 处理方法还是 PPP 处理方法,由于观测环境的影响,GNSS 的数

据精度普遍存在频繁跳变现象,即在图中显示能看出轮廓变化的主体曲线上存在着许多毛刺现象。这种频繁的跳变,说明 GNSS 接收机在失锁状态和重捕状态之间频繁切换,不论在信号跟踪、整周模糊度解算还是在精确测距、误差补偿等环节,都会影响 GNSS 数据处理精度。

对于车载重力测量,差分 GNSS 的精度相比 PPP 精度较好,主要体现在定位误差、测速误差较小,以及 PDOP 值总体趋势较小。然而,采用差分 GNSS 的处理方法需要额外架设一套接收机基站,提高了试验成本的同时还需要考虑基线长度的影响;而 PPP 计算只需一个移动站就可完成,在观测环境较好、GNSS 定位精度较高的情况下,低成本的 PPP 处理方法有可能满足车载重力测量的精度要求。

为了全面评估 GNSS 应用环境,选取两次实际车载试验的 GNSS 数据,就 PPP 可否用于车载重力测量展开分析。其中一次选取 2016 年 10 月新疆哈密开展的车载试验,这次试验路线在天山山脚,道路笔直,行车极少,GNSS 观测环境非常理想。另外一次选择 3.3.3 节所述的 2017 年长沙岳临高速车载试验,这段公路的两边为多山、多树地形,行车较少,偶有大货车经过,GNSS 观测环境一般。

3.4.2.1 对比验证试验一

本次试验路线选在哈密市区东部 203 省道,道路基本成南北方向,道路两旁均为戈壁荒漠,长度约 36km,试验车行驶平均速度为 40km/h。在整个试验过程中,可见卫星数目较多、GNSS 观测信号良好,试验路线如图 3.30 粗线所示,两处标记分别为测线起始和结束端点,图中的原点为架设 GNSS 基站的位置。

图 3.30 车载试验路线(哈密 S203 省道)

分别对该次试验GNSS原始数据作差分GNSS计算和PPP计算，得到的位置估计精度和PDOP值如图3.31～图3.34所示。

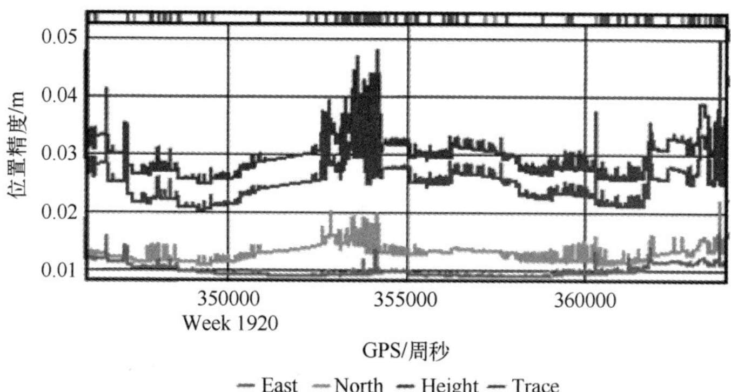

图3.31 位置估计精度(差分GNSS)

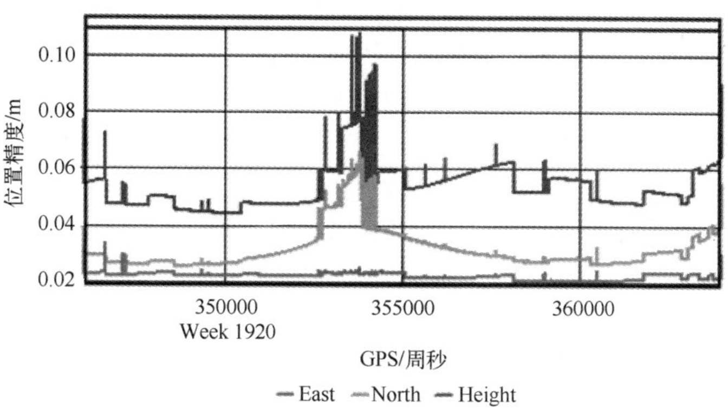

图3.32 位置估计精度(PPP)

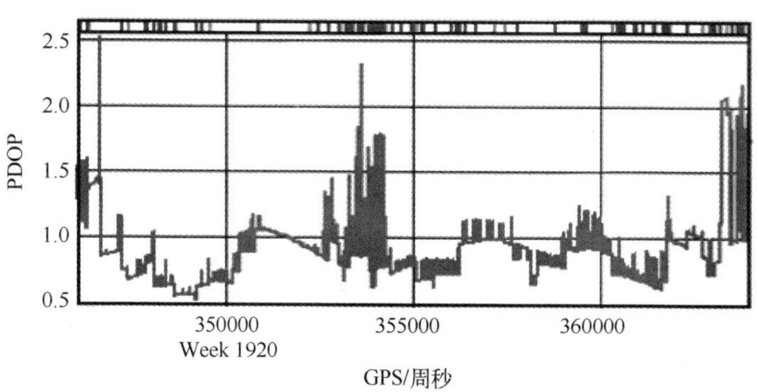

图3.33 PDOP值(差分GNSS)

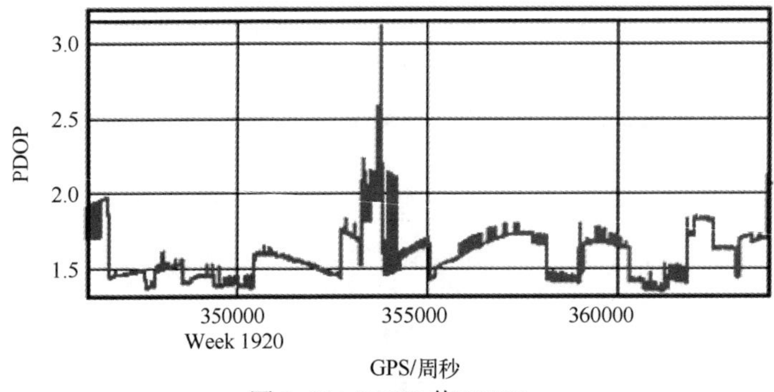

图 3.34 PDOP 值(PPP)

从位置估计精度统计图来看,差分 GNSS 的东向、北向定位误差基本小于 0.02m,高度定位误差和总的定位误差在 0.03m 左右;PPP 处理的东向定位误差约为 0.02m,北向误差在 0.03~0.04m 左右,高度定位误差约在 0.06m 以内。总体来看,两种方法计算的位置误差较小,差别不大,GNSS 观测环境比较理想。

从反映卫星空间构型的位置精度因子(PDOP)来看,差分 GNSS 的 PDOP 值大部分在 0.8~1.4,而 PPP 处理的 PDOP 值主要分布在 1.4~1.7。整个试验过程中,不论是差分 GNSS 还是 PPP 处理方法,位置估计精度和 PDOP 值均是在平稳变化,基本没有出现频繁跳动的毛刺现象,这在一定程度上说明了本次车载试验 GNSS 观测条件良好,车辆行驶平稳正常。

为了明确比较不同 GNSS 处理方法对车载重力的影响,本次试验只将不同方法计算的 GNSS 结果作为变量,其余的环节如重力仪数据、滤波参数、精度统计方法等均采用相同配置。首先利用差分 GNSS 处理结果进行 SINS/GNSS 重力测量数据处理,得到重力数据内符合精度统计结果。然后,只把所需用到的 GNSS 数据更换为 PPP 结果,再次进行 SINS/GNSS 重力测量数据处理,最终得到 PPP 方法的扰动重力内符合结果。

对原始重力数据进行 FIR160s 低通滤波,差分 GNSS 计算得到的扰动重力内符合精度结果如图 3.35 和图 3.36 所示。

利用差分 GNSS 结果计算的扰动重力数据精度统计如表 3.8 所列。

表 3.8 FIR160 s 重力测量精度统计(单位:mGal)

		最大值	最小值	平均值	均方根(每条测线)	总均方根
					ε_j	ε
调整前内符合精度	测线 1	2.55	-0.73	1.57	1.62	1.36
	测线 2	-0.10	-2.77	-1.23	1.33	

（续）

		最大值	最小值	平均值	均方根（每条测线）	总均方根
调整前内符合精度	测线 3	3.22	−0.19	0.90	1.14	1.36
	测线 4	−0.18	−2.23	−1.24	1.33	
调整后内符合精度					ε_j	ε
	测线 1	0.98	−2.30	0.00	0.39	0.53
	测线 2	1.13	−1.54	0.00	0.51	
	测线 3	2.32	−1.09	0.00	0.70	
	测线 4	1.07	−0.98	0.00	0.47	

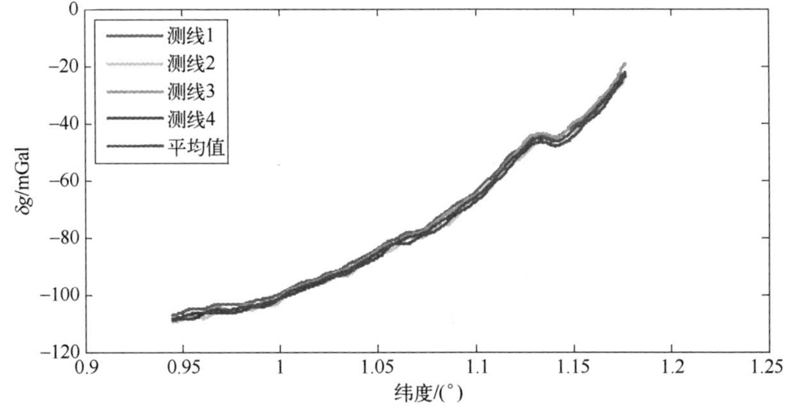

图 3.35 调整前扰动重力内符合精度（差分 GNSS）

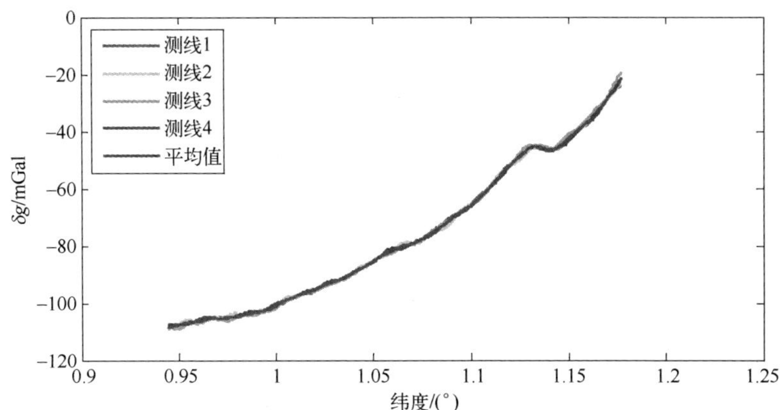

图 3.36 调整后扰动重力内符合精度（差分 GNSS）

从表3.8可以看出,采用差分GNSS结果计算得出的扰动重力内符合精度调整前后分别为1.36mGal和0.53mGal,对应160s FIR滤波器和40km/h的平均车速,扰动重力分辨率约为0.9km,重力结果比较理想。

同理,换做PPP结果,采用同样的SINS/GNSS重力测量方法和同样的滤波参数,最终计算得到的扰动重力内符合精度统计如图3.37和图3.38所示。

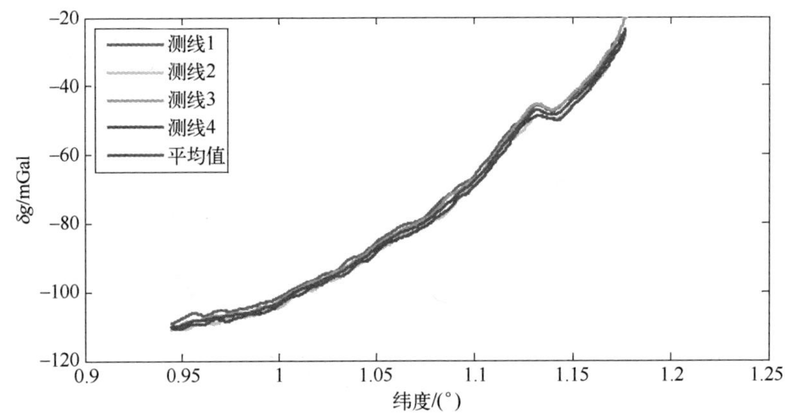

图3.37 调整前扰动重力内符合精度(PPP)

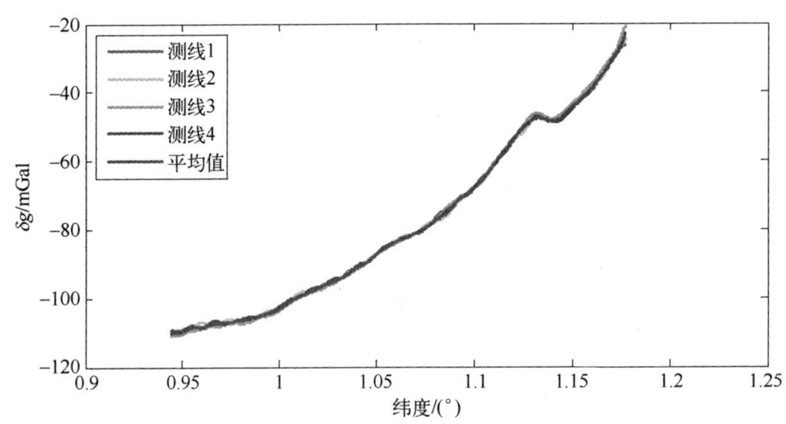

图3.38 调整后扰动重力内符合精度(PPP)

PPP结果计算的扰动重力数据精度统计如表3.9所列。

表 3.9　FIR160s 重力测量精度统计(单位:mGal)

		最大值	最小值	平均值	均方根(每条测线)	总均方根
调整前内符合精度					ε_j	ε
	测线 1	2.58	-1.08	1.57	1.63	1.36
	测线 2	0.05	-2.61	-1.22	1.31	
	测线 3	3.63	-0.12	0.09	1.13	
	测线 4	-0.08	-2.13	-1.25	1.31	
调整后内符合精度					ε_j	ε
	测线 1	1.01	-2.65	0.00	0.42	0.51
	测线 2	1.27	-1.39	0.00	0.47	
	测线 3	2.73	-1.01	0.00	0.69	
	测线 4	1.17	-0.88	0.00	0.41	

从表 3.9 可以看出,采用 PPP 结果计算得到的重力结果调整前后分别为 1.36mGal 和 0.51mGal,相比差分 GNSS 得到的结果(调整前 1.36mGal,调整后 0.53mGal)精度相当,几乎没有太大差别,重力测量结果同样比较理想。

由本次试验可以看出,在 GNSS 观测条件理想的情况下,差分 GNSS 和 PPP 结果均可用于车载重力测量,且扰动重力数据的测量精度相当。这说明在观测环境理想的情况下,可以通过只架设一个移动站采用 PPP 的方法开展车载重力测量试验,PPP 方法可以在不损失数据测量精度的前提下节约成本、提高效率。

3.4.2.2　对比验证试验二

试验详情在 3.3.3 节中车载重力测量试验二中有所介绍,用 PPP 方法对该次试验的移动站 GNSS 原始观测值进行处理,得到的位置估计精度和 PDOP 值如图 3.39~图 3.42 所示。

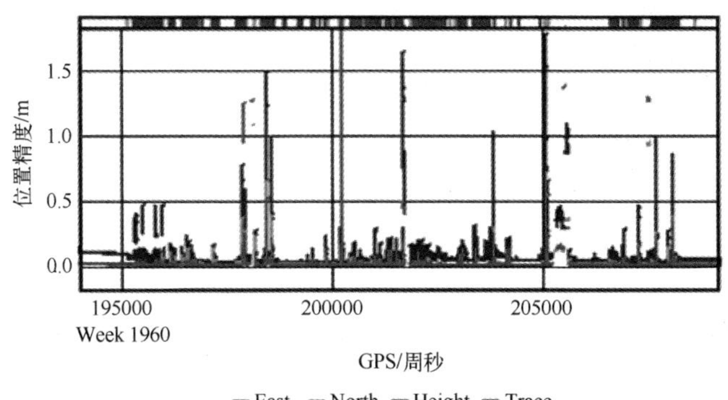

图 3.39　位置估计精度(差分 GNSS)

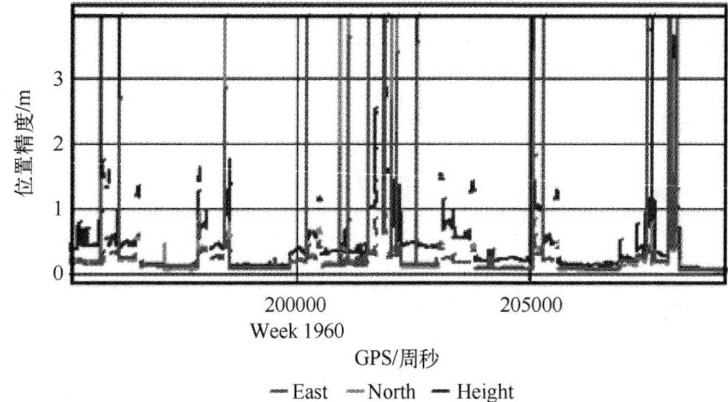

图 3.40 位置估计精度(PPP)

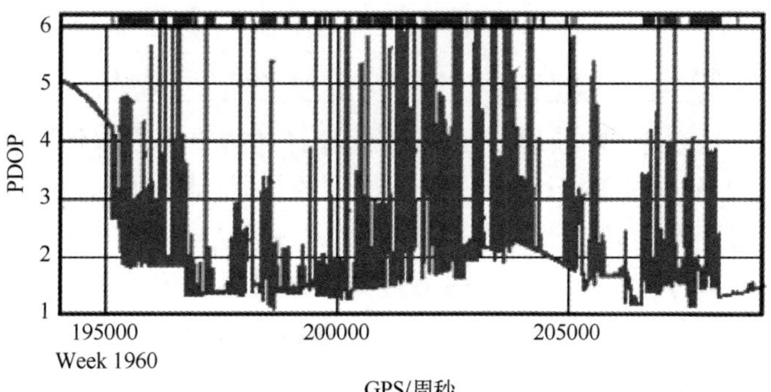

图 3.41 PDOP 值(差分 GNSS)

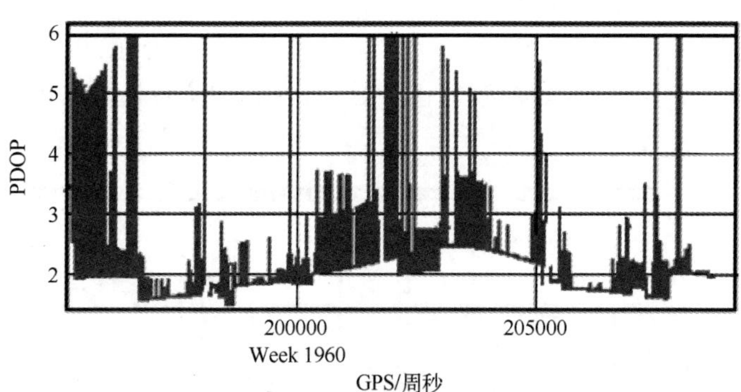

图 3.42 PDOP 值(PPP)

从位置估计精度统计图来看,差分 GNSS 定位误差跳动较大,定位误差在部分时段达到 1m 以上;PPP 处理的定位误差相对来说跳动更加频繁、剧烈,定位误差基本在 0.5m 左右,个别时段甚至达到 3m 以上。总体来看,两种方法计算的位置误差均比较大，GNSS 观测环境不甚理想。

分析两种方法的 PDOP 值，差分 GNSS 的 PDOP 值跳变剧烈，主体轮廓曲线大部分在 1.2~2.4，而 PPP 处理的 PDOP 值同样跳变剧烈，主题轮廓曲线大致分布于 1.5~2.8，而且两者均有突变到 6(精度很差)的情况。整个试验过程中，不论是采用差分 GNSS 还是 PPP 方法，位置估计精度和 PDOP 的变化均比较剧烈、频繁，这在一定程度上说明此次试验 GNSS 观测条件不理想，GNSS 的结果可能存在较大误差。

与 3.4.2.1 节采用同样的方法，只将不同方法计算的 GNSS 结果作为变量，采用同样的数据处理步骤。差分 GNSS 结果已经在 3.3.3 节中给出，将修复后的差分 GNSS 参与扰动重力数据处理，FIR300s 滤波后的重力结果毛刺现象减少的同时，内符合精度达到 0.55mGal、外符合精度为 1.24mGal。

同理，采用 PPP 的原始计算结果对整个试验进行数据处理，最终得到的扰动重力内符合精度统计如图 3.43 所示。

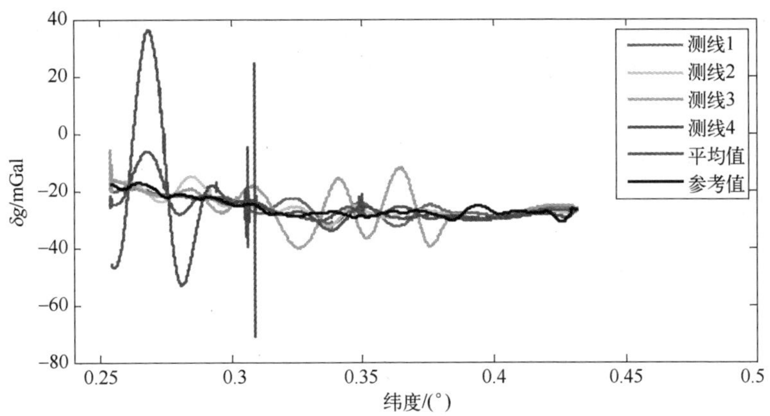

图 3.43　SINS/GNSS 扰动重力内符合精度统计

选用同样周期的 FIR 低通滤波器，PPP 结果计算的扰动重力精度统计数据如表 3.10 所列。

表 3.10　FIR300s 重力测量精度统计(单位:mGal)

		最大值	最小值	平均值	均方根(每条测线)	总均方根
					ε_j	ε
内符合精度	测线 1	7.30	-16.52	-0.60	4.07	6.83
	测线 2	10.66	-15.40	-0.62	4.26	
	测线 3	17.22	-14.17	0.19	6.13	
	测线 4	43.67	-34.35	1.03	10.71	

（续）

		最大值	最小值	平均值	均方根（每条测线）	总均方根
外符合精度					σ_j	σ
	测线 1	3.85	-8.04	-2.31	3.48	7.73
	测线 2	4.70	-7.55	-2.33	3.35	
	测线 3	14.17	-13.33	-1.52	5.88	
	测线 4	53.47	-46.81	-0.68	13.53	

从上述图表可以明显看出，这组数据结果的计算是失败的。扰动重力计算结果在测线 3 和测线 4 均出现了明显错误，尤其是测线 4，在由北往南行驶的后段重力结果多次出现大的波动，使得内符合、外符合的精度统计结果失去意义。

在只有不同 GNSS 定位结果为变量的前提下，判断问题应该是出在 PPP 计算得到的数据结果中。这从一个方面说明了，PPP 方法在观测条件一般且又不进行 GNSS 数据异常检测与修复处理的情况下，不仅不能得到高精度的重力测量数据，基本定位结果计算也会失败，进而导致整个车载重力测量试验的失败。

将原始 PPP 的计算结果采用 3.2.2 节给出的方法进行修复，通过分析 PPP 定位结果中的高度数据，发现问题原因所在，如图 3.44 所示。

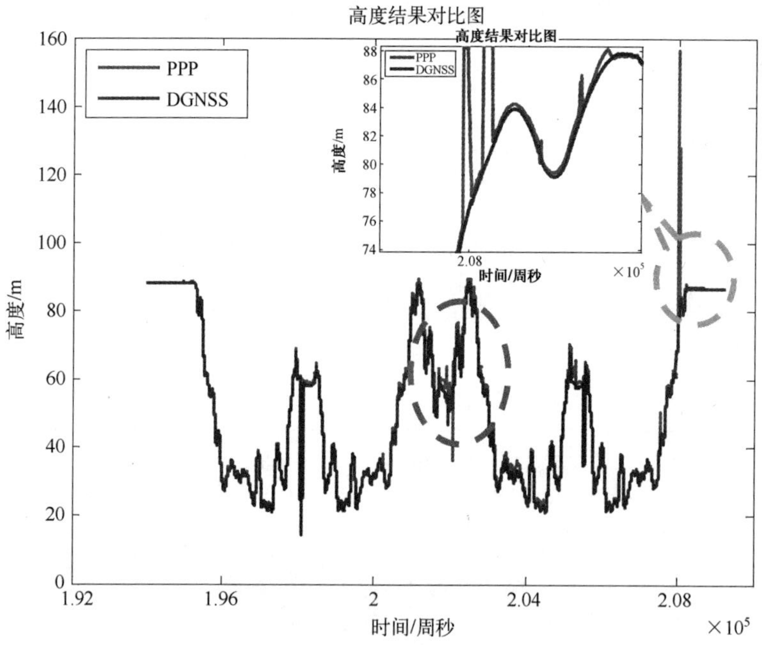

图 3.44　高度结果对比（差分 GNSS 与 PPP）

将该次试验的差分 GNSS 计算的高度结果与 PPP 的高度结果放在同一图中相互对比，从放大图中（以圆圈轮廓内部为例）可以明显看出，PPP 处理的位置结果在测线 4 测量过程中出现了错误，本来应该是平滑变化的高度曲线，高度结果却由 80m 突然跳跃到 160m，错误数据持续了约 10s 才恢复正常。这种定位结果的跳变极大损害了 SINS/GNSS 车载重力测量方法的计算精度，最终导致图 3.43 中的扰动重力错误结果的出现。

查找定位出现问题的时间段，对测线 4 中发生较大跳变的位置结果进行线性插值、数据修补等简单修正，再重新进行重力数据计算，得到的扰动重力测量结果如图 3.45 所示。

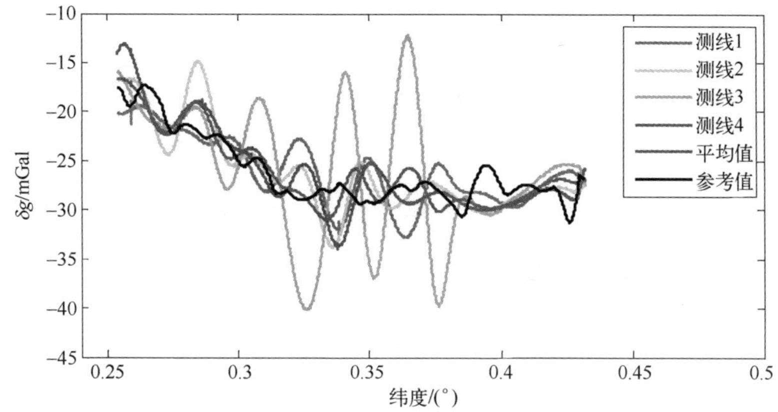

图 3.45　改进 SINS/GNSS 扰动重力测量结果（PPP）

利用修复后的 PPP 结果重新进行计算，数据统计如表 3.11 所列。

表 3.11　FIR300s 重力测量精度统计（单位：mGal）

		最大值	最小值	平均值	均方根（每条测线）	总均方根
内符合精度					ε_j	ε
	测线 1	5.13	-7.52	-0.42	2.69	3.13
	测线 2	3.72	-4.19	-0.46	1.64	
	测线 3	13.90	-11.13	0.34	5.05	
	测线 4	4.24	-4.78	0.53	1.92	
外符合精度					σ_j	σ
	测线 1	5.74	-6.15	-0.42	2.63	3.59
	测线 2	6.71	-6.33	-0.45	2.62	
	测线 3	16.07	-11.44	0.35	5.70	
	测线 4	6.52	-5.86	0.54	2.46	

从图表结果可以看出,经过修复后的测线 4 重力结果有了大幅改善,不再出现毛刺和振荡现象。但是从结果来看,第三条测线仍然存在较大的误差。由于本次试验在公路不同方向均进行了两次重复测量,选取测线 1 和测线 3 上的某一段有问题的高度数据,如图 3.46 所示。

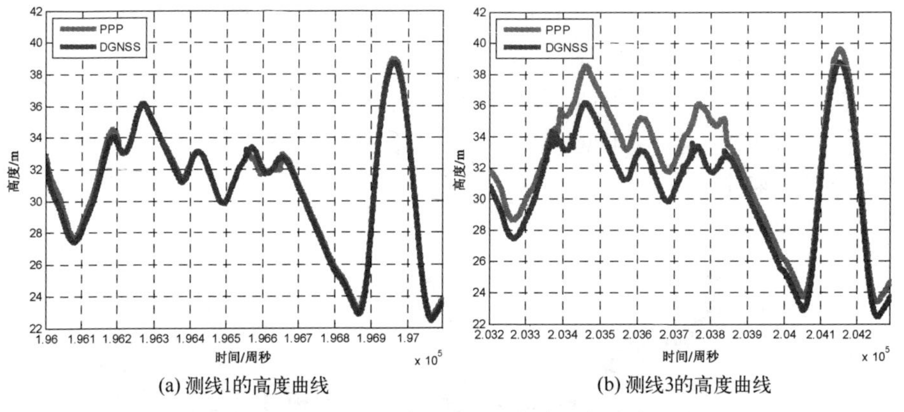

图 3.46 测线位置信息对比(测线 1 与测线 3)

从图中可以看出,在测线 1 和测线 3 经过同一个路段时,差分 GNSS 的高度结果基本保持一致;而对于 PPP 计算结果,在测线 1 测量时间段内尚能与差分 GNSS 定位结果保持基本一致,但在测线 3 时间段内,高度数据明显发生整体偏移,纬度、经度结果也在这一时间段同步发生偏移,因此可以确定这不是 GNSS 结果跳变导致的问题,而是在测线 3 测量时间段内 PPP 结果存在较大误差,这些误差对接下来进行的 SINS/GNSS 组合导航和加速度的计算均产生了较大影响,最终导致重力测量结果产生了较大误差。将测线 3 作为错误数据剔除,只统计测线 1、测线 2 和测线 4 的结果,数据结果如图 3.47 所示。

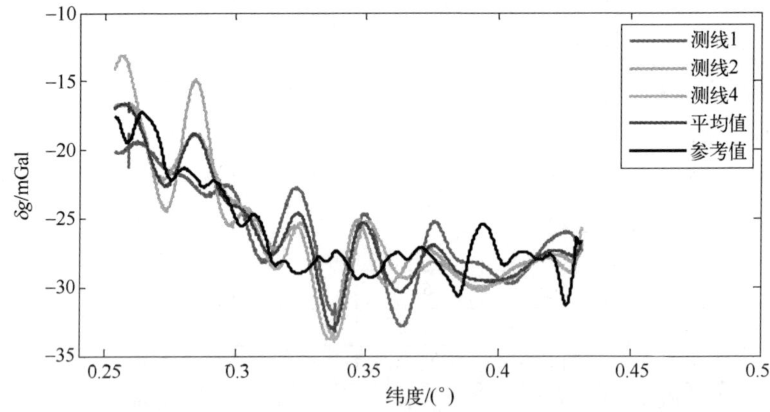

图 3.47 改进 SINS/GNSS 扰动重力测量结果(FIR300s,剔除测线 3)

扰动重力的统计结果如表 3.12 所列。

表 3.12　FIR300s 重力测量精度统计(单位:mGal)

		最大值	最小值	平均值	均方根(每条测线)	总均方根
内符合精度					ε_j	ε
	测线 1	1.75	−4.36	−0.31	1.52	1.31
	测线 2	3.63	−2.31	−0.34	1.21	
	测线 4	4.20	−1.07	0.65	1.16	
外符合精度					σ_j	σ
	测线 1	5.85	−6.04	−0.31	2.61	2.57
	测线 2	6.82	−6.22	−0.34	2.60	
	测线 4	6.63	−5.75	−0.65	2.49	

从图表中可以看出,去掉测线 3 后的 3 条测线内符合精度为 1.31mGal,外符合精度 2.57mGal,相较 4 条测线的精度结果已经有了明显提升。不过从外符合精度评估结果来看,系统测量的误差仍然比较大,扰动重力计算结果在测线中段位置仍旧存在多次较大起伏的波峰波谷,直接影响了最终的外符合精度统计结果。

通过这次试验可以得到的启示是:在 GNSS 观测条件不佳的情况下,尽量避免采用 PPP 处理方法。为了尽可能规避数据计算失败的风险,有必要架设 GNSS 基站,与试验车的 GNSS 移动站组成差分 GNSS 系统,进而保证重力测量试验顺利进行、数据得以正常计算。

3.4.3　小结

PPP 作为一种新兴、快速发展的技术,已经得到越来越广泛的应用,其优点是操作简单、节约成本,不受必须架设基站要求的限制。本章在改进 SINS/GNSS 重力测量方法的基础上,进一步探索车载 PPP 技术用于重力测量的可能性。在是否选用 PPP 方法进行车载重力测量数据的处理问题上,需要根据试验观测环境及观测条件进行综合考虑。

(1) 在 GNSS 观测条件非常理想的情况下,PPP 的定位结果也可以满足车载重力测量的要求。采用差分 GNSS 和采用 PPP 的方法,扰动重力计算结果差别不大、精度较高。

(2) 在路况较差、GNSS 观测环境较差的试验条件下,为了保证试验顺利开展和数据的有效处理,车载 PPP 技术需要谨慎使用。经过简单修复的 PPP 结果,可以一定程度上修复由于跳变引起的计算误差,但重力测量结果与参考值之间仍然存在较大误差。

3.5 本章小结

本章分析了传统 SINS/GNSS 重力测量方法用于车载重力测量的问题,通过对车载 GNSS 观测环境的对比定量分析,提出 GNSS 数据异常检测与修复方法,利用改进的 SINS/GNSS 重力测量方法对两次车载试验进行处理,结果表明,改进的 SINS/GNSS 车载重力测量方法可以得到较高精度和分辨率的扰动重力结果,验证了该方法用于车载重力测量的有效性。另外,通过两次实测数据探索 PPP 技术用于车载重力测量的可能性,试验表明在 GNSS 观测环境较好的条件下, PPP 方法可以获取与差分 GNSS 精度相当的重力结果,这在一定程度上验证了 PPP 技术用于车载重力测量的可行性。

第 4 章　捷联式 SINS/VEL 车载重力测量方法研究

由第 3 章 SINS/GNSS 重力测量方法进行数据处理的具体分析可知,车载试验环境下的 GNSS 信号非常容易受到行车干扰、路边树木遮挡及周围地形的影响,这些不利因素使得车载试验在使用 GNSS 方面面临着很多问题。在一些特殊应用如在隧道、森林等接收不到 GNSS 信号的环境中,如果对 GNSS 非常依赖将导致车载重力测量试验无法实施。如何在不完全依赖 GNSS 的情况下开展重力测量,又能保证数据的精度和分辨率需要引起重视,而这也是当前研究者们关注的热点之一[122]。

在 GNSS 没有出现的 20 世纪 90 年代之前,导航定位精度和垂直加速度测量精度均受到极大限制,当时采用的定位设备主要包括多普勒雷达、摄影测量法、罗兰-C 等,而测量垂直加速度的设备主要靠气压高度计、激光高度计等。不过这些定位设备以应用于航空重力测量居多,在车载测量方面配备和应用的情况极少。受限于当时重力传感器、定位设备和加速度测量设备精度较差的条件,包括航空重力测量、海洋重力测量和车载重力测量在内的动基座重力测量均不能满足当时的应用需求。近年来随着测速仪、高度计产品研发水平的提高,以及惯性器件在精度水平和稳定性方面的提高,重新采用这些传统设备辅助重力仪完成重力测量任务的方案逐渐变为可能。在第 3 章使用 SINS/GNSS 方法进行重力测量的基础上,本章通过引入测速仪作为 SINS 的外部观测信息源,从另一个角度出发,期望在完全不使用 GNSS 的情况下完成车载重力测量任务。

4.1　光学测速仪应用分析

测速仪是用来测量车辆行驶速度的仪器,本章从测速仪基本原理出发,对测速仪展开应用分析,阐述用于车载重力测量的测速仪安装、标定方法以及误差特性分析,为测速仪应用于车载重力测量提供理论基础和可行性分析。

 4.1.1 测速仪简介

常用的测速仪有机械式里程计、雷达测速仪和光学测速仪。传统机械式里程计与车轮传动轴机械咬合，通过敏感单位时间转过的角度输出汽车速度和里程信息，如汽车的速度仪表盘。这类里程计的缺点是数据更新率低、标度因子稳定性差。雷达测速仪和光学测速仪基于多普勒频移原理，采用非接触测量的方法实现对移动载体的速度测量。结合车载重力测量试验具体条件，这里选用KISTLER®光学测速仪测量试验车的行驶速度。相比于汽车自带的里程计，该光学测速仪采用非接触测量方式，数据更新频率高、测量精度高、工作性能更加稳定。该测速仪通过向地面发射可见光并接收其反射信号，利用多普勒频移效应的测速原理，搭载高性能 DSP 和 FPGA 芯片进行高速信号处理，实时测量、输出车辆的速度信息。该测速仪可以在不同的路况条件下保持高频率输出、高精度测量，测量频率最高可达 250Hz，测速精度小于全量程的 0.2%，其主要性能指标如表 4.1 所列。

表 4.1 KISTLER®测速仪主要性能指标

主要参数	性能指标
测速范围	0~250km/h
测距分辨率	2.47mm
测量精度	<±0.2%全量程
测量频率	≤250Hz
最佳工作距离(距地面)	350±100mm
供电电压	10~28V DC
通信接口	RS-232 串口

如图 4.1 所示，采用吸盘吸附的方式可以便捷地将测速仪固定安装在试验车左侧车壁，采用安全绳进一步固定测速仪，保证测速仪在试验整个过程维持稳定的工作状态。

 4.1.2 测速仪的标定

测速仪安装在汽车侧壁，为了将测速仪测量信息准确应用于车载试验，有必要对测速仪与试验车的安装关系进行标定。

图 4.1　装有 KISTLER 光学测速仪的试验车

4.1.2.1　测速仪坐标系

1）载体坐标系（b 系）

载体坐标系的定义与 2.1.1 节中定义一致，以试验车质心为坐标原点 O^b，x^b 轴指向试验车纵轴方向的前方，y^b 轴指向试验车横轴方向的右方，z^b 轴指向试验车的下方，与 x^b 轴和 y^b 轴互相垂直，构成右手坐标系。

2）测速仪坐标系（m 系）

定义测速仪坐标系的原点 O^m 在测速仪质心位置，x^m 轴指向测速仪纵轴前方，y^m 轴指向测速仪横轴右方，z^m 轴与 x^m 轴和 y^m 轴相互垂直，指向测速仪下方，三轴构成右手坐标系。

定义了载体坐标系和测速仪坐标系，将测速仪在测速仪坐标系下的速度记为$\boldsymbol{v}_{\mathrm{VEL}}^m$，测速仪坐标系与体坐标系的方向余弦矩阵可以表示为 $\boldsymbol{C}_m^b$，于是测速仪测量的速度信息可以通过方向余弦矩阵的转换转为载体系下的速度信息，为重力仪提供前向速度观测量$\boldsymbol{v}_{\mathrm{VEL}}^n$。

4.1.2.2　测速仪的标定

正常行驶在路面上的汽车，其运动受非完整性约束的限制，即车辆的侧向速度和垂向速度均为零，于是在测速仪前—右—下坐标系（m 系）下车辆运动的速度可以表示为$\boldsymbol{v}_{\mathrm{VEL}}^m=[v_{\mathrm{d}}\quad 0\quad 0]^{\mathrm{T}}$，其中 v_{d} 是测速仪测量的车辆前向速度，将测速仪坐标系（m 系）与载体坐标系（b 系）之间的安装角记为$[\phi_{\mathrm{d}}\quad \theta_{\mathrm{d}}\quad \psi_{\mathrm{d}}]^{\mathrm{T}}$，分别对应滚动角、俯仰角和航向角，则由 m 系转到 b 系的方向余弦矩阵 $\boldsymbol{C}_m^b$ 可以由 3 次欧拉角 ψ_{d}、θ_{d}、ϕ_{d} 的依次转动计算表示。于是 n 系下理想的车辆运动速度可以表示为[99]

$$\boldsymbol{v}_{\mathrm{VEL}}^{n}=\boldsymbol{C}_{b}^{n}\boldsymbol{C}_{m}^{b}\boldsymbol{v}_{\mathrm{VEL}}^{m} \tag{4.1}$$

将 C_m^b 和$\boldsymbol{v}_{\mathrm{VEL}}^{m}$代入式(4.1)于是有

$$\boldsymbol{v}_{\mathrm{VEL}}^{n}=k\cdot\boldsymbol{C}_{b}^{n}\begin{bmatrix}1 & -\psi_{\mathrm{d}} & \theta_{\mathrm{d}}\\ \psi_{\mathrm{d}} & 1 & -\phi_{\mathrm{d}}\\ -\theta_{\mathrm{d}} & \phi_{\mathrm{d}} & 1\end{bmatrix}\begin{bmatrix}v_{\mathrm{d}}\\0\\0\end{bmatrix}=k\cdot\boldsymbol{C}_{b}^{n}\begin{bmatrix}v_{\mathrm{d}}\\ v_{\mathrm{d}}\psi_{\mathrm{d}}\\ -v_{\mathrm{d}}\theta_{\mathrm{d}}\end{bmatrix}=\boldsymbol{C}_{b}^{n}\begin{bmatrix}k\cdot v_{\mathrm{d}}\\ k\cdot v_{\mathrm{d}}\cdot\psi_{\mathrm{d}}\\ -k\cdot v_{\mathrm{d}}\cdot\theta_{\mathrm{d}}\end{bmatrix} \tag{4.2}$$

由式(4.2),等式两边同时乘以$\boldsymbol{C}_n^b$,进一步化简有

$$\boldsymbol{M}_{3\times1}=\begin{bmatrix}x_1\\x_2\\x_3\end{bmatrix}\triangleq\begin{bmatrix}k\\k\psi_{\mathrm{d}}\\-k\theta_{\mathrm{d}}\end{bmatrix}=\frac{1}{v_{\mathrm{d}}}\cdot\boldsymbol{C}_{n}^{b}\boldsymbol{v}_{\mathrm{VEL}}^{n} \tag{4.3}$$

在导航解算过程中,$\boldsymbol{C}_n^b$ 与$\boldsymbol{v}_{\mathrm{VEL}}^{n}$均可以实时获得,等式右边为已知量,于是需要求解的 3 个未知量$[k \quad \psi_{\mathrm{d}} \quad \theta_{\mathrm{d}}]^{\mathrm{T}}$有

$$\begin{bmatrix}k\\ \psi_{\mathrm{d}}\\ \theta_{\mathrm{d}}\end{bmatrix}=\begin{bmatrix}x_1\\ x_2/x_1\\ -x_3/x_1\end{bmatrix} \tag{4.4}$$

由式(4.4),可以实现对测速仪标度因数、俯仰角和航向角的标定。需要指出的是,这种方法无法实现对测速仪滚动方向安装角的标定。实际上,从式(4.2)可以看出,滚动角在等式中没有体现,也就是说,测速仪安装的滚动角对组合导航没有影响,因此对测速仪进行标定的时候,也无须对测速仪的安装滚动角进行标定。

以 2015 年的一次车载试验为例,选择车辆行驶的平稳阶段,通过对测速仪刻度系数和安装角的实时估计,得到测速仪标定结果如图 4.2 所示。

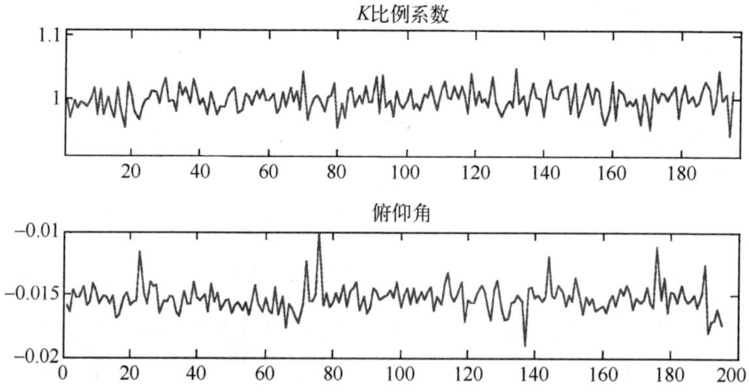

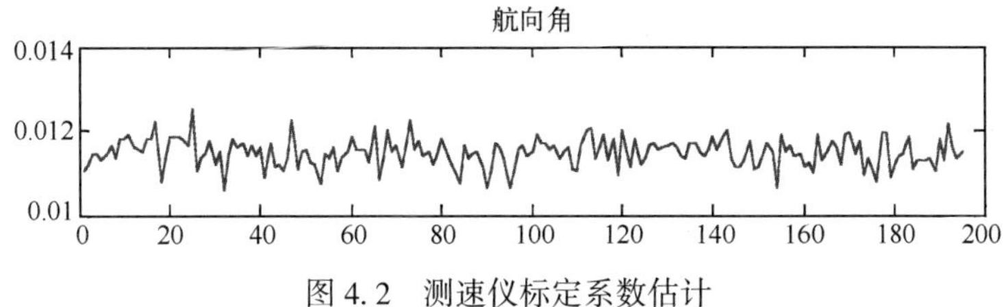

图 4.2　测速仪标定系数估计

对标定结果取平均值,得到本次试验的测速仪安装误差阵:

$$\boldsymbol{C}_m^b=0.998\begin{bmatrix}1 & -0.0154 & -0.0115\\ 0.0154 & 1 & 0\\ 0.0115 & 0 & 1\end{bmatrix}\tag{4.5}$$

形象来说,这次试验中测速仪安装角相对重力仪 SINS 来说,安装的俯仰角约为-0.6589°,偏航角约为 0.88°,测速仪刻度系数为 0.998。上述标定方法简单直接,在路况较好的情况下,可以实现对测速仪安装角和刻度系数的标定,标定结果较好。

4.1.3　测速仪测速误差模型

4.1.3.1　测速仪安装误差的影响

考虑到实际应用中不可避免存在误差,设捷联式重力仪系统解算的姿态角误差为 $\boldsymbol{\varphi}$,测速仪安装角误差为 $\boldsymbol{\varepsilon}=[\delta\phi_{\mathrm{d}}\quad\delta\theta_{\mathrm{d}}\quad\delta\psi_{\mathrm{d}}]^{\mathrm{T}}$,测速仪标度因数误差为 δk_{VEL},考虑上述误差均存在的情况下,由式(4.1),n 系下试验车速度可以表示为[99,100]

$$\tilde{\boldsymbol{v}}_{\mathrm{VEL}}^n=\tilde{\boldsymbol{C}}_b^n\tilde{\boldsymbol{C}}_m^b\tilde{\boldsymbol{v}}_{\mathrm{VEL}}^m=[\boldsymbol{I}-(\boldsymbol{\varphi}\times)]\boldsymbol{C}_b^n[\boldsymbol{I}-(\boldsymbol{\varepsilon}\times)]\boldsymbol{C}_m^b(1+\delta k_{\mathrm{VEL}})\boldsymbol{v}_{\mathrm{VEL}}^m\tag{4.6}$$

将等式(4.6)右边展开,有

$$\tilde{\boldsymbol{v}}_{\mathrm{VEL}}^n=[\boldsymbol{I}-(\boldsymbol{\varphi}\times)]\boldsymbol{C}_b^n\begin{bmatrix}\cos(\theta_{\mathrm{d}}+\delta\theta_{\mathrm{d}})\cos(\psi_{\mathrm{d}}+\delta\psi_{\mathrm{d}})\\ \cos(\theta_{\mathrm{d}}+\delta\theta_{\mathrm{d}})\sin(\psi_{\mathrm{d}}+\delta\psi_{\mathrm{d}})\\ -\sin(\theta_{\mathrm{d}}+\delta\theta_{\mathrm{d}})\end{bmatrix}(1+\delta k_{\mathrm{VEL}})v_{\mathrm{d}}\tag{4.7}$$

将式(4.7)再次展开并忽略高阶小量进行化简,于是有

$$\tilde{\boldsymbol{v}}_{\mathrm{VEL}}^n=\boldsymbol{v}_{\mathrm{VEL}}^n-(\boldsymbol{\varphi}\times)\boldsymbol{v}_{\mathrm{VEL}}^n+\delta k_{\mathrm{VEL}}\boldsymbol{v}_{\mathrm{VEL}}^n+v_{\mathrm{d}}\boldsymbol{C}_b^n\begin{bmatrix}-\cos\psi_{\mathrm{d}}\sin\theta_{\mathrm{d}} & -\cos\theta_{\mathrm{d}}\sin\psi_{\mathrm{d}}\\ -\sin\theta_{\mathrm{d}}\sin\psi_{\mathrm{d}} & \cos\theta_{\mathrm{d}}\cos\psi_{\mathrm{d}}\\ -\cos\theta_{\mathrm{d}} & 0\end{bmatrix}\begin{bmatrix}\delta\theta_{\mathrm{d}}\\ \delta\psi_{\mathrm{d}}\end{bmatrix}\tag{4.8}$$

进而,速度误差 $\boldsymbol{\delta v}_{\mathrm{velo}}^n$ 可以表示为

$$\boldsymbol{\delta v}_{\mathrm{VEL}}^{n}=\tilde{\boldsymbol{v}}_{\mathrm{VEL}}^{n}-\boldsymbol{v}_{\mathrm{VEL}}^{n}=-(\boldsymbol{\varphi}\times)\boldsymbol{v}_{\mathrm{VEL}}^{n}+\delta k_{\mathrm{VEL}}\boldsymbol{v}_{\mathrm{VEL}}^{n}+v_{\mathrm{d}}\boldsymbol{C}_{b}^{n}\boldsymbol{M}_{\alpha}\boldsymbol{\delta\alpha} \tag{4.9}$$

式中

$$\boldsymbol{M}_{\alpha}=\begin{bmatrix}-\cos\psi_{\mathrm{d}}\sin\theta_{\mathrm{d}} & -\cos\theta_{\mathrm{d}}\sin\psi_{\mathrm{d}}\\ -\sin\theta_{\mathrm{d}}\sin\psi_{\mathrm{d}} & \cos\theta_{\mathrm{d}}\cos\psi_{\mathrm{d}}\\ -\cos\theta_{\mathrm{d}} & 0\end{bmatrix},\boldsymbol{\delta\alpha}=\begin{bmatrix}\delta\theta_{\mathrm{d}}\\ \delta\psi_{\mathrm{d}}\end{bmatrix} \tag{4.10}$$

通过分析式(4.9),可以清楚地发现速度误差 $\boldsymbol{\delta v}_{\mathrm{VEL}}^{n}$ 与载体速度 v_{d}、姿态误差 $\boldsymbol{\varphi}$、测速仪安装俯仰角误差 $\delta\theta_{\mathrm{d}}$、航向角误差 $\delta\psi_{\mathrm{d}}$ 和刻度因子误差 δk_{VEL} 有关,而与测速仪安装的滚动角误差 $\delta\phi_{\mathrm{d}}$ 无关。关于 SINS 与里程计、测速仪标定的研究比较多[101,104,107,123-126],将测速仪安装到试验车上后,通过离线车载试验标定测速仪的安装偏角和刻度因子,$\delta\theta_{\mathrm{d}}$、$\delta\psi_{\mathrm{d}}$、$\delta k_{\mathrm{VEL}}$ 均可以控制在比较小的误差范围内[101,108,127]。

比力测量的误差主要来自重力传感器的测量误差和数学平台计算的姿态误差。虽然标量重力测量受水平姿态误差影响较小,但是高精度水平姿态的保持有助于提高组合导航解算中速度、位置信息的精度,因此测量过程中惯导系统的初始对准和姿态保持就显得非常重要[78]。随着近些年对高精度加速度计、陀螺制作工艺的提高和捷联惯导算法的深入研究,器件精度水平、对准技术和姿态保持技术均有较大提升,短时间内车载重力测量对传感器和姿态的精度要求可以得到满足[99]。

4.1.3.2 SINS/VEL 组合导航定位精度的影响

车载试验中,如果只采用 SINS 和测速仪组合的方法进行重力测量,测速仪只能提供车辆行驶的速度信息,组合导航中只有速度观测量而没有位置观测量,组合导航的位置信息只有靠速度的积分获取,这就不可避免地导致位置误差会逐渐发散。

由式(2.5)推导分析位置精度对重力测量的影响[78],有

$$\boldsymbol{d\delta g}_{\mathrm{pos}}^{n}=[\boldsymbol{v}^{n}\times](2\boldsymbol{\delta\omega}_{ie}^{n}+\boldsymbol{\delta\omega}_{en}^{n}) \tag{4.11}$$

其中

$$\boldsymbol{\delta\omega}_{ie}^{n}=[-\omega_{ie}\sin L\quad 0\quad \omega_{ie}\cos L]^{\mathrm{T}}\cdot\delta L \tag{4.12}$$

$$\boldsymbol{\delta\omega}_{en}^{n}=\left[-\frac{v_{\mathrm{E}}\cdot\delta h}{(R_{\mathrm{N}}+h)^{2}}\quad \frac{v_{\mathrm{N}}\cdot\delta h}{(R_{\mathrm{M}}+h)^{2}}\quad \frac{v_{\mathrm{E}}\cdot\tan L\cdot\delta h}{(R_{\mathrm{N}}+h)^{2}}-\frac{v_{\mathrm{E}}\cdot\sec^{2}L\cdot\delta L}{R_{\mathrm{N}}+h}\right]^{\mathrm{T}} \tag{4.13}$$

考虑车载试验实际情况,取 $v_{\mathrm{N}}=10\mathrm{m/s}$,$v_{\mathrm{E}}=10\mathrm{m/s}$,由式(4.1)可以计算得出 300m 的纬度误差造成的扰动重力误差不会大于 0.2mGal,因此纬度方向的误差基本不会对重力结果产生较大影响。

由正常重力计算式(2.12)得,高度误差对正常重力计算的影响为

$$\frac{\mathrm{d}\gamma}{\mathrm{d}h}=-3.086\times10^{-6}/\mathrm{s}^2 \tag{4.14}$$

也就是,高度通道上 1m 的误差就会引起大约 0.3mGal 的正常重力计算误差,因此高度通道对重力测量的影响不可忽视。在 SINS/GNSS 重力测量数据处理方法中,高度值由差分 GNSS 获得,误差相对较小。但是在 SINS/VEL 组合导航计算中,高度数据由 n 系中垂向速度积分而来,因此不可避免存在着累积误差。如果组合导航结果中高度方向上误差较大,则需要采用适当方法对高度结果进行校正,这样在提高车辆导航定位精度的同时,相应提高重力测量的精度。

GNSS 在传统重力测量方法中扮演着重要角色,主要作用包括提供载体位置、速度、姿态信息的高精度估计,求解加速度信息,计算各项与运动学参数相关的误差修正项等。同样在前面的分析中,测速仪与 SINS 进行组合导航计算,也可以给出位置、速度等信息,根据已有信息对导航参数和各项误差进行计算,以满足扰动重力计算的需求。本章通过对测速仪安装关系的标定和误差特性的分析,认为可以利用测速仪代替 GNSS 完成重力测量任务。

4.2　捷联式 SINS/VEL 车载重力测量方法

在不使用 GNSS 的情况下,自主性强的 SINS 可以自主计算导航参数,但存在随时间误差积累而导致定位精度下降的缺点,固定安装在试验车上的测速仪可以为捷联式重力仪 SINS 提供速度信息,并且测速仪的测量误差不随时间积累,这使得 SINS 与测速仪组合的方式(SINS/VEL)可以修正累积误差,提高导航定位精度。对于测速仪与惯导系统组合的方法,之前的研究主要集中在限制定位误差发散和提高导航定位精度方面,而在本章测速仪应用中,除了需要利用 SINS 与测速仪组合滤波的方法提高导航定位精度外,还需要计算比力测量信息和载体加速度信息。本节首先阐述 SINS/VEL 车载重力测量的数据处理流程,采用卡尔曼滤波估计的方法计算高精度位置、速度、姿态信息和比力测量信息,对速度信息进行一次差分计算得到载体运动加速度信息,最后对低通滤波后的扰动重力测量结果进行精度评估,完成无卫星条件下的车载重力测量任务。

4.2.1　捷联式 SINS/VEL 重力测量数据处理流程

引入测速仪后的 SINS/VEL 车载重力测量数据处理流程如图 4.3 所示。从流程图中可以看出,加速度计和陀螺的原始数据参与 SINS 导航解算,测速仪原始数据首先经过安装关系矩阵和姿态矩阵$\boldsymbol{C}_b^n$ 的转换,得到载体在 n 系下的速度 $\boldsymbol{v}_{\mathrm{VEL}}^n$,观测量选取为 SINS 的速度$\boldsymbol{v}_{\mathrm{SINS}}^n$和测速仪速度$\boldsymbol{v}_{\mathrm{VEL}}^n$的差值,利用卡尔曼滤波进行 SINS/VEL 组合导航计算各导航参数和比力测量值,在计算求得载体加速度$\dot{\boldsymbol{v}}_{\mathrm{VEL}}^n$和各项误差改正值 $\delta\boldsymbol{a}_{\mathrm{E}}$,$\boldsymbol{\gamma}^n$ 后,采用反馈校正的方式对导航参数各误差量进行校正,从而提高导航计算精度。初步计算的扰动重力计算结果中包含着大量的高频噪声,需要采用合适的低通滤波器将具有低频特性的重力信号提取出来,最后采用重复线内符合精度评估方法及之前 CG-5 地面重力仪建立的地面重力控制点数据评估外符合精度,对本方法的有效性进行整体验证。值得指出的是,在整个数据处理流程中均没有用到关于 GNSS 的一切信息。如果该方法可以计算出扰动重力结果,将摆脱车载重力测量对 GNSS 的极大依赖,大大拓展车载重力测量的应用范围。

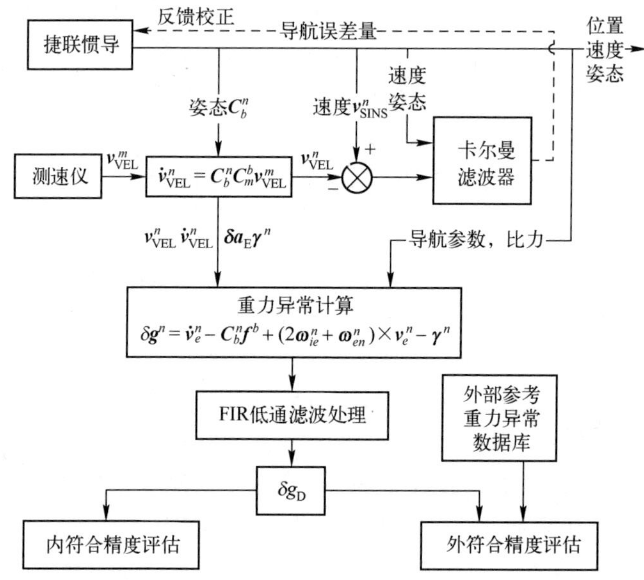

图 4.3 SINS/VEL 车载重力测量数据处理流程

4.2.2 卡尔曼滤波方法

SINS 的误差模型可以由式(3.7)表示[56],这里选取 12 状态的状态变量 $\boldsymbol{X}=[\delta\boldsymbol{v}\quad\boldsymbol{\psi}\quad\boldsymbol{b}_a\quad\boldsymbol{b}_g]^{\mathrm{T}}$,其中 $\delta\boldsymbol{v}=[\delta v_{\mathrm{N}}\quad\delta v_{\mathrm{E}}\quad\delta v_{\mathrm{D}}]^{\mathrm{T}}$ 为 n 系下的速度误差,$\boldsymbol{\psi}=[\psi_{\mathrm{N}}\quad\psi_{\mathrm{E}}\quad\psi_{\mathrm{D}}]^{\mathrm{T}}$ 为 n 系下的姿态误差,$\boldsymbol{b}_a=[b_{ax}\quad b_{ay}\quad b_{az}]^{\mathrm{T}}$ 为加速度计常值零偏,$\boldsymbol{b}_g=[b_{gx}\quad b_{gy}\quad b_{gz}]^{\mathrm{T}}$ 为陀螺常值漂移。于是卡尔曼滤波估计的状态方程可

以表示为

$$\dot{\boldsymbol{X}}(t)=\boldsymbol{F}(t)\boldsymbol{X}(t)+\boldsymbol{G}(t)\boldsymbol{W}(t) \tag{4.15}$$

其中,式(4.15)与式(3.8)相同,具体表达式详见第 3 章。

选取 n 系下 SINS 计算的速度 $\boldsymbol{v}_{\text{SINS}}^{n}$ 与测速仪输出的 n 系下速度 $\boldsymbol{v}_{\text{VEL}}^{n}$ 之差作为卡尔曼滤波器的量测信息,量测方程可以表示为

$$\boldsymbol{Z}(t)=[\boldsymbol{v}_{\text{SINS}}^{n}-\boldsymbol{v}_{\text{VEL}}^{n}]=\boldsymbol{H}(t)\boldsymbol{X}(t)+\boldsymbol{V}(t) \tag{4.16}$$

其中,量测矩阵为

$$\boldsymbol{H}(t)=\begin{bmatrix} 1 & 0 & 0 & 0 & v_{\text{VELD}}^{n} & -v_{\text{VELE}}^{n} \\ 0 & 1 & 0 & -v_{\text{VELD}}^{n} & 0 & v_{\text{VELN}}^{n} \\ 0 & 0 & 1 & v_{\text{VELE}}^{n} & -v_{\text{VELN}}^{n} & 0 \end{bmatrix} \tag{4.17}$$

式中　$\boldsymbol{V}(t)$——光学测速仪的量测噪声矩阵。

4.3　捷联式 SINS/VEL 车载重力测量试验

需要指出的是,虽然车载试验中同时装备了 GNSS 和测速仪,但在第 3 章 SINS/GNSS 重力测量方法中,只用到了有关 SINS 和 GNSS 的数据信息,完全没有用到测速仪信息;遵循同样的原则,在后续 SINS/VEL 重力测量方法研究中,只利用 SINS 和测速仪的数据,而不使用 GNSS 的数据信息,这种应用条件在一些特殊的车载重力测量中具有独特的应用意义。图 4.4 展示了安装有测速仪和捷联式重力仪 SGA-WZ02 系统的试验车,以下的重力测量试验均在此基础上开展实施。

移动站 GNSS 天线架设在试验车顶部,测速仪通过便携式安装机构吸附在试验车的左侧车壁上,SGA-WZ02 捷联式重力仪固定安装在试验车内舱安装底板上。下面以两次车载试验为例,分别阐述 SINS/VEL 重力测量数据处理方法在车载试验中的应用。

4.3.1　车载重力测量试验一

车载数据依旧选择 3.3.2 节于长沙开展的一次车载重力测量试验,试验路线如图 3.12 所示。重力仪惯导数据的采集频率为 200Hz,测速仪由重力仪提供频率为 100Hz 的定时触发信号,采用 RS-232 串口通信方式将测速仪测量信息实时传输至重力仪数据采集与记录系统中。按照 SINS/VEL 重力测量处理流程对该次试验数据进行计算,得到 SINS/VEL 组合导航的定位结果及误差如图 4.5 所示。

(a) 重力测量试验车　(b) 车载试验途中

(c) 工作中的KISTLER测速仪　(d) SGA-WZ02重力仪

图 4.4　车载重力试验安装图

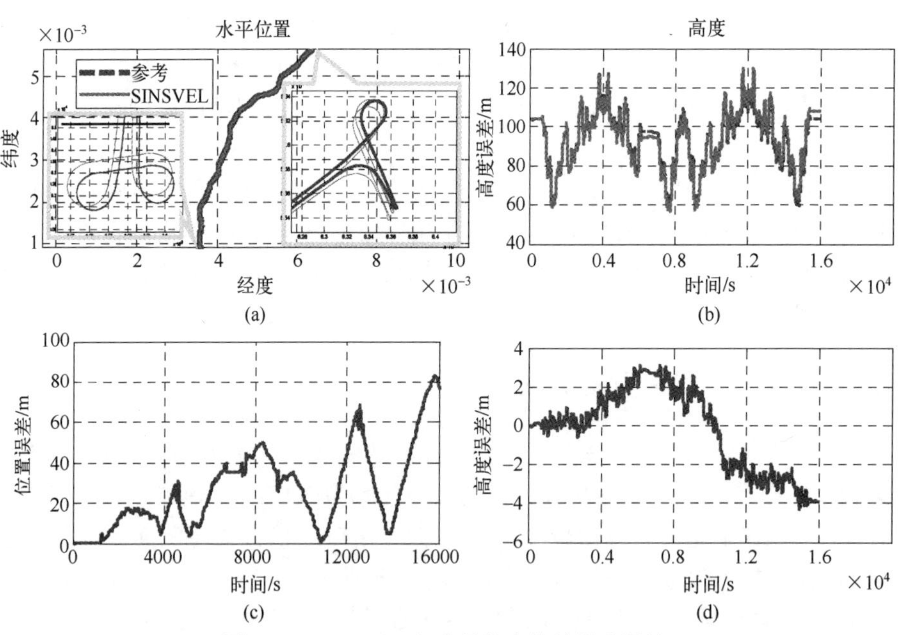

(a)　(b)　(c)　(d)

图 4.5　SINS/VEL 组合导航定位结果及误差

在图 4.5 中的水平位置结果和高度结果中，实线为 SINS/VEL 的导航解算结果，虚线为 GNSS 定位结果。局部放大图及误差结果统计图可以清楚看出，在约 5h 的车载试验中，SINS/VEL 组合导航的结果相对于高精度的 GNSS 定位结果仍有一定的偏差，水平位置误差最大相差 80m，高度方向的误差范围为 -4 ~ 3m。

测速仪的数据采样频率为 100Hz，经过当量转换后的测速仪原始输出如图 4.6 所示，车辆的行驶速度基本保持在 10 ~ 12m/s 之间，行驶比较平稳。

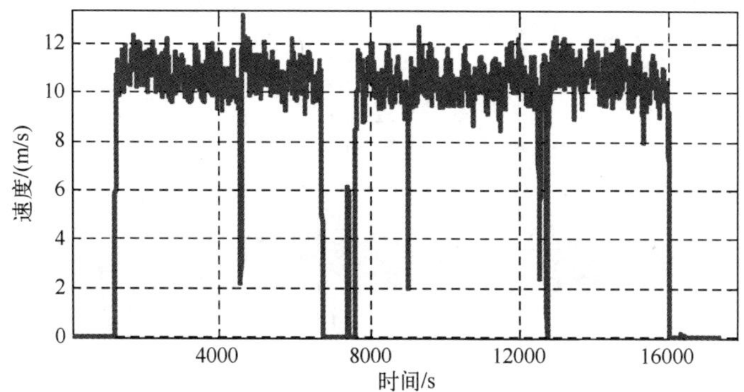

图 4.6　KISTLER 光学测速仪输出的速度信息

选取试验车行驶比较平稳的一段数据，将测速仪数据进行局部放大，如图 4.7 中所示，可以发现测速仪原始测量噪声较大，在进行 SINS/VEL 组合导航过程中由于其较大的观测噪声会对组合导航精度产生不良影响，将测速仪原始输出的数据进行滑动平均滤波处理，平滑后的结果如图 4.7 中所示，噪声水平与 GNSS 输出的速度结果基本一致，因此在本试验中选用滑动滤波后的测速仪数据进行 SINS/VEL 重力测量数据处理。

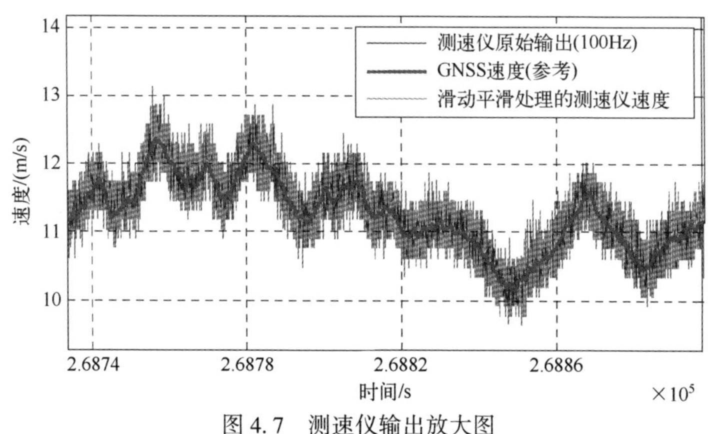

图 4.7　测速仪输出放大图

在利用 SINS/VEL 方法进行计算的过程中,实时获得重力仪的位置、速度、姿态等信息,由式(4.1)计算得到试验车 n 系下的速度$\boldsymbol{v}_{\mathrm{VEL}}^{n}$,如图 4.8 所示。

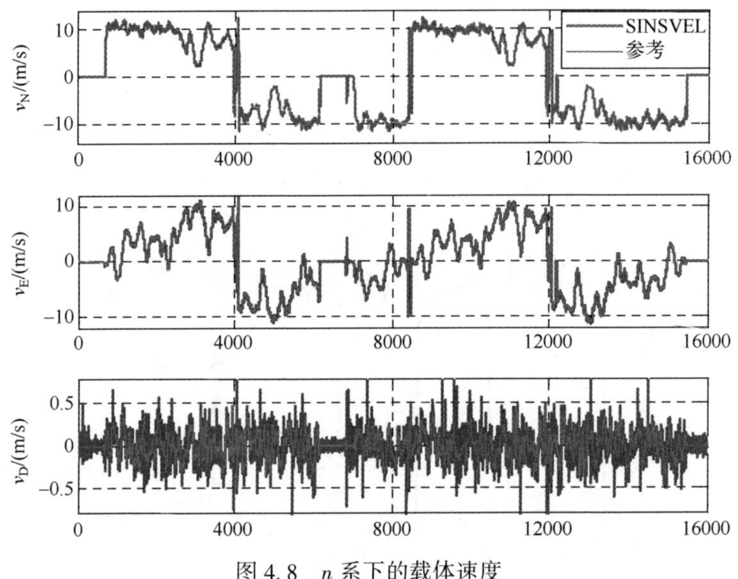

图 4.8　n 系下的载体速度

图 4.8 中细线为 GNSS 的速度参考结果,在导航系下对载体速度进行一次差分得到载体运动加速度值$\dot{\boldsymbol{v}}_{\mathrm{VEL}}^{n}$,如图 4.9 所示。

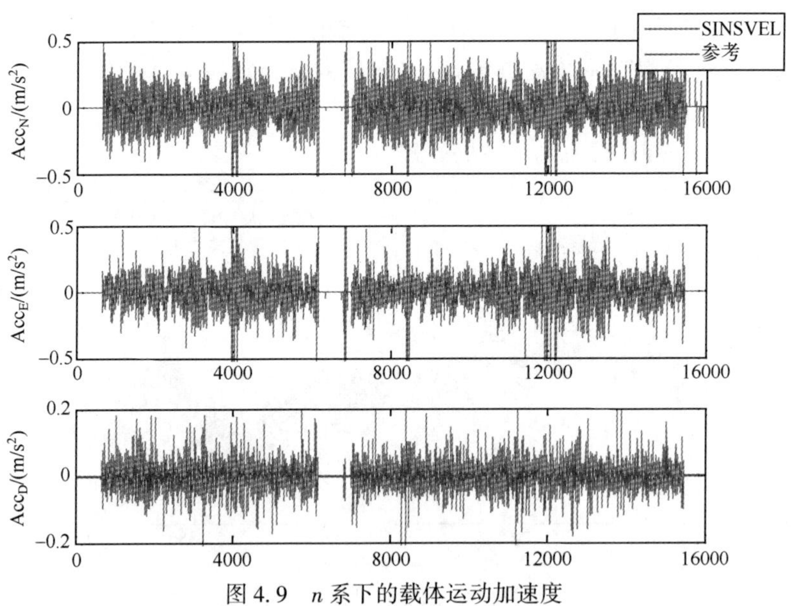

图 4.9　n 系下的载体运动加速度

按照 4.2 节中数据处理流程，对重力仪数据和测速仪数据进行计算，得到比力测量结果 $\boldsymbol{f}^n$，经过低通滤波和扰动重力精度评估，得到本次车载试验的重力测量结果如图 4.10 所示。

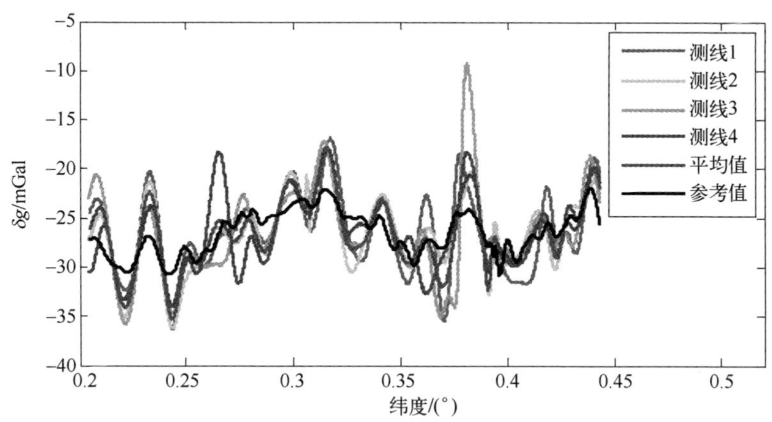

图 4.10　SINS/VEL 重力测量结果（FIR200s）

FIR200s 低通滤波的扰动重力精度统计结果如表 4.2 所列。

表 4.2　FIR200s 重力测量精度统计（单位：mGal）

		最大值	最小值	平均值	均方根（每条测线）	总均方根
内符合精度					ε_j	ε
	测线 1	5.66	-3.98	0.07	1.77	1.77
	测线 2	2.38	-3.90	-0.43	1.23	
	测线 3	8.71	-7.91	-0.24	2.08	
	测线 4	7.63	-5.02	0.60	2.03	
外符合精度					σ_j	σ
	测线 1	6.63	-7.40	0.07	2.90	2.90
	测线 2	5.11	-6.06	-0.42	2.58	
	测线 3	14.74	-9.61	-0.23	3.46	
	测线 4	9.11	-6.37	0.60	2.69	

采用同样方法，对原始扰动重力数据进行 FIR300s 低通滤波处理，得到的扰动重力测量结果如图 4.11 所示。

扰动重力精度的统计结果如表 4.3 所列。

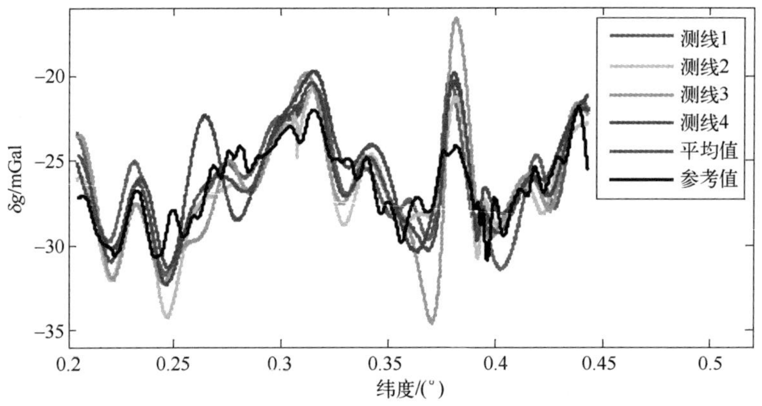

图 4.11 SINS/VEL 重力测量结果(FIR300s)

表 4.3 FIR300s 重力测量精度统计(单位:mGal)

		最大值	最小值	平均值	均方根(每条测线)	总均方根
内符合精度					ε_j	ε
	测线 1	2.22	-2.51	0.09	1.04	1.17
	测线 2	2.11	-2.55	-0.45	0.91	
	测线 3	3.59	-4.76	-0.27	1.38	
	测线 4	4.21	-2.06	0.63	1.28	
外符合精度					σ_j	σ
	测线 1	4.50	-4.09	-0.01	1.54	1.91
	测线 2	3.09	-6.04	-0.55	1.66	
	测线 3	7.35	-7.35	-0.36	2.39	
	测线 4	5.36	-4.51	0.53	1.92	

FIR200s 滤波后的扰动重力内符合精度为 1.77mGal,外符合精度为 2.90mGal,空间分辨率约为 1.1km;而经过 FIR300s 低通滤波器的处理,扰动重力内符合精度提高到 1.17mGal,外符合精度提高为 1.91mGal。

对比同次试验中采用 SINS/GNSS 重力测量方法得到的重力测量结果,FIR200s 滤波的扰动重力内符合精度为 1.86mGal,外符合精度为 2.27mGal;而 FIR300s 滤波处理的内符合精度和外符合精度分别为 1.22mGal 和 1.74mGal(详细结果见 3.3.2 节)。从两种方法计算的结果对比来看,SINS/VEL 重力测量方法计算的重力结果与 SINS/GNSS 重力测量方法的计算结果精度相当,内符合精度和外符合精度相差不大。

本次试验选择了一条车辆较少、观测条件较好的道路进行,试验车行驶速度较慢,在这种比较理想的试验环境中,采用 SINS/VEL 方法进行重力测量,最终得到与 SINS/GNSS 重力测量方法精度相当的测量结果,证明了该 SINS/VEL 重力测量方法的可行性和有效性。

4.3.2　车载重力测量试验二

为了对 SINS/VEL 重力测量方法的环境适应性进行进一步验证,2015 年 10 月在同一条公路上再次进行了一次车载重力测量试验。本次试验车辆行驶速度较快,平均速度为 60km/h,试验过程中来往车辆较多,天气阴天伴有小雨,GNSS 观测环境较差。下面分别采用第 3 章改进的 SINS/GNSS 重力测量方法和本章提出的 SINS/VEL 重力测量方法对试验数据进行处理,通过对比同一次试验中两种不同方法的计算结果,分析比较两种方法的性能。

4.3.2.1　改进 SINS/GNSS 重力测量方法的数据处理

采用第 3 章提出的改进 SINS/GNSS 重力测量方法对车载试验数据进行处理,FIR200s 低通滤波后的扰动重力内符合精度和外符合精度均超过了 5mGal,数据质量很差。同样地,对原始的扰动重力数据进行 FIR300s 低通滤波,得到的结果为内符合精度 2.47mGal,外符合精度 3.67mGal,结果如图 4.12 所示。

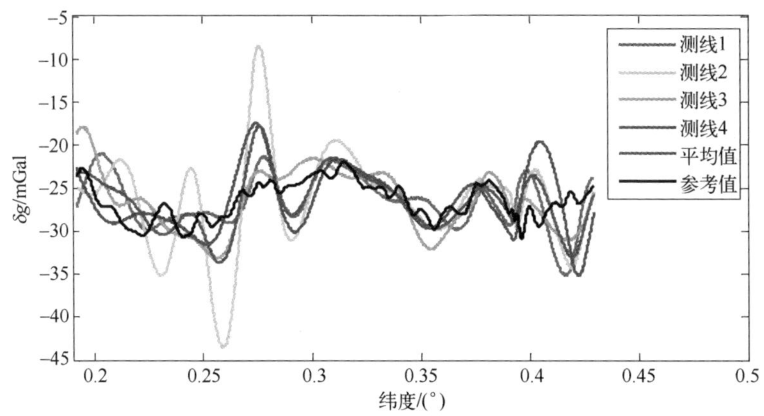

图 4.12　SINS/GNSS 重力测量结果(FIR300s)

扰动重力精度的统计结果如表 4.4 所列。

表 4.4　FIR300s 重力测量精度统计(单位:mGal)

		最大值	最小值	平均值	均方根(每条测线)	总均方根
内符合精度					ε_j	ε
	测线 1	5.03	-4.96	-0.19	2.05	2.47
	测线 2	8.05	-11.38	-1.25	3.32	
	测线 3	5.81	-4.86	0.45	2.26	
	测线 4	6.93	-3.13	1.00	2.61	
外符合精度					σ_j	σ
	测线 1	7.17	-9.33	-0.19	2.82	3.67
	测线 2	14.72	-16.58	-1.25	5.46	
	测线 3	5.66	-5.21	0.46	2.52	
	测线 4	10.86	-7.58	1.00	3.55	

为了提升数据精度,对原始重力数据进行 FIR400s 低通滤波处理,得到的结果如图 4.13 所示。

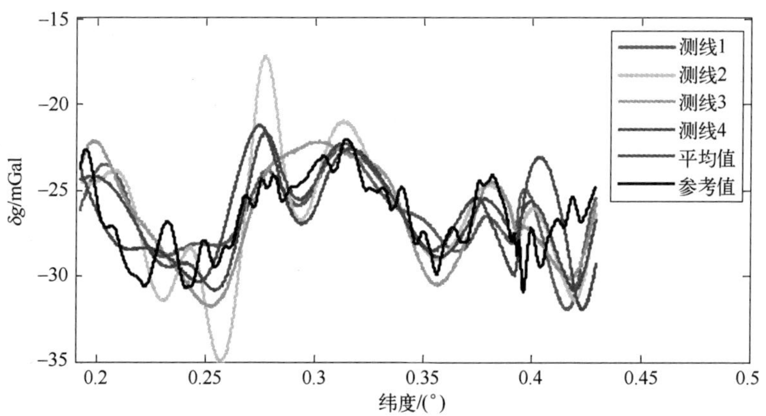

图 4.13　SINS/GNSS 重力测量结果(FIR400s)

扰动重力精度的统计结果如表 4.5 所列。

由精度统计表可以看出,经过 FIR400s 得到的扰动重力虽然重力数据的空间分辨率下降,但是精度获得提升,内符合精度 1.59mGal,外符合精度 2.30mGal。另外,从一系列的数据结果也可以看出,测线 2 的误差相较其他 3 条测线误差总是很大,极大拉低了整体精度水平,说明在该测线时间段内 GNSS 或重力仪系统可能存在较大测量误差。关于这一时间段内的具体问题所在,第

5 章会有详细分析。

表 4.5　FIR400s 重力测量精度统计(单位:mGal)

		最大值	最小值	平均值	均方根 (每条测线)	总均方根
内符合精度					ε_j	ε
	测线 1	2.46	-2.45	-0.16	1.15	1.59
	测线 2	3.36	-5.67	-1.15	1.85	
	测线 3	3.41	-2.32	0.37	1.35	
	测线 4	4.56	-2.12	0.94	1.89	
外符合精度					σ_j	σ
	测线 1	5.74	-6.47	-0.11	2.04	2.30
	测线 2	6.44	-7.66	-1.09	3.02	
	测线 3	4.75	-4.34	0.42	2.04	
	测线 4	7.32	-4.58	1.00	2.48	

4.3.2.2　SINS/VEL 重力测量方法的数据处理

按照 SINS/VEL 重力测量方法的数据处理流程,将本次试验的 SINS 数据与测速仪数据进行组合导航解算,结果如图 4.14 所示。

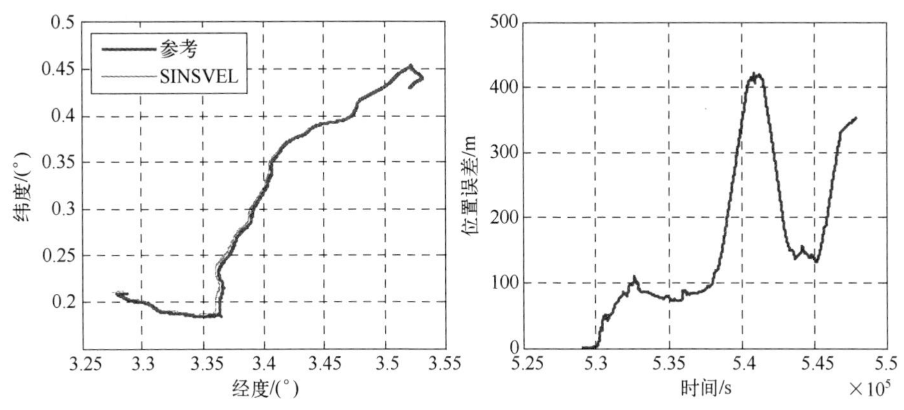

图 4.14　SINS/VEL 组合导航定位结果及位置误差

从组合导航计算结果可以看出,由于测速仪无法提供位置信息的外部观测量,随着时间的增长定位误差不可避免地随之增大,这也是由 SINS/VEL 组合导航本身的特点所决定。将本次定位结果与 GNSS 参考结果做对比,位置误差最大超过了 400m,其中纬度方向上超过 300m。

对利用 SINS/VEL 重力测量方法得到的扰动重力原始数据进行 FIR300s 低通滤波,结果如图 4.15 所示。

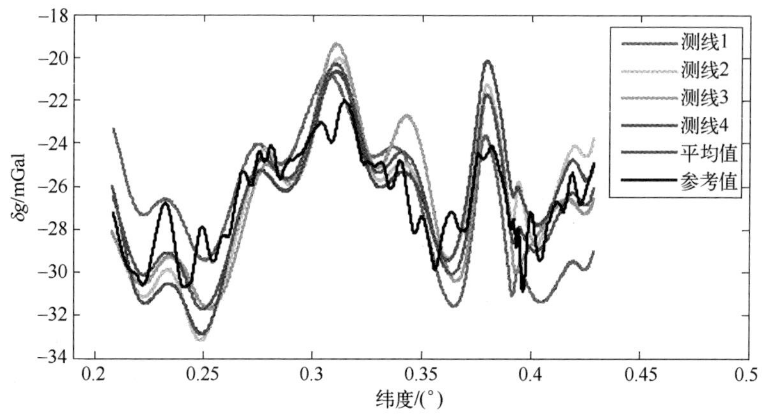

图 4.15 SINS/VEL 重力测量结果(FIR300s)

扰动重力精度的统计结果如表 4.6 所列。

表 4.6 FIR300s 重力测量精度统计(单位:mGal)

		最大值	最小值	均方根(每条测线)	总均方根
内符合精度				ε_j	ε
	测线 1	3.14	-3.26	1.94	1.26
	测线 2	2.33	-1.79	0.95	
	测线 3	1.87	1.97	0.97	
	测线 4	2.20	-1.49	1.04	
外符合精度				σ_j	σ
	测线 1	4.04	-3.28	1.96	1.93
	测线 2	4.49	-4.33	1.71	
	测线 3	6.06	-3.65	2.20	
	测线 4	4.88	-4.13	1.81	

从精度统计表可以看出,经过 FIR300s 滤波得到的扰动重力内符合精度 1.26mGal,外符合精度 1.93mGal。这个结果相比 SINS/GNSS 重力测量方法得到的结果(表 4.42 中 1.47mGal/3.67mGal),内、外符合精度均有一定程度的提升。

同理,对原始扰动重力结果进行 400s 低通滤波,结果如图 4.16 所示。

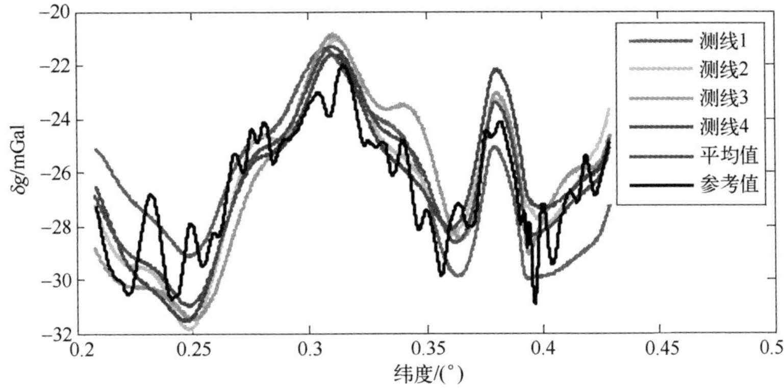

图 4.16　SINS/VEL 重力测量结果(FIR400s)

扰动重力精度的统计结果如表 4.7 所列。

表 4.7　FIR400s 重力测量精度统计(单位:mGal)

		最大值	最小值	均方根(每条测线)	总均方根
内符合精度				ε_j	ε
	测线 1	2.25	-2.25	1.45	0.95
	测线 2	1.45	-0.89	0.50	
	测线 3	1.63	-2.00	0.88	
	测线 4	1.52	-0.99	0.69	
外符合精度				σ_j	σ
	测线 1	3.79	-3.54	1.66	1.52
	测线 2	3.31	-3.93	1.27	
	测线 3	4.15	-3.56	1.70	
	测线 4	3.66	-3.56	1.39	

精度统计图表显示,经过 FIR400s 滤波的扰动重力曲线变得非常平滑,尽管内符合和外符合分辨率得到进一步提升,但是测线上的扰动重力只能展现出一定的变化趋势而细节信号已经无法体现,这对高精度车载重力测量来讲仅仅具有参考意义。

试探性地,将本次试验 SINS/VEL 重力测量方法得到的原始重力数据进行 200s 低通滤波处理,重力结果如图 4.17 和表 4.8 所示。

扰动重力精度的统计结果如表 4.8 所列。

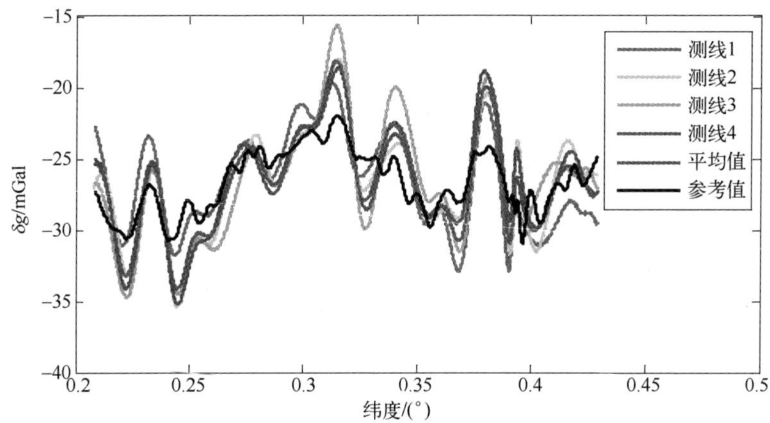

图 4.17 SINS/VEL 重力测量结果(FIR200s)

表 4.8 FIR200s 重力测量精度统计(单位:mGal)

<table>
<tr><td colspan="2"></td><td>最大值</td><td>最小值</td><td>均方根
(每条测线)</td><td>总均方根</td></tr>
<tr><td rowspan="5">内符合精度</td><td></td><td></td><td></td><td>ε_j</td><td>ε</td></tr>
<tr><td>测线 1</td><td>3.47</td><td>−2.81</td><td>2.03</td><td rowspan="4">1.39</td></tr>
<tr><td>测线 2</td><td>2.74</td><td>−1.81</td><td>1.08</td></tr>
<tr><td>测线 3</td><td>2.87</td><td>−2.49</td><td>1.11</td></tr>
<tr><td>测线 4</td><td>2.05</td><td>−1.18</td><td>1.07</td></tr>
<tr><td rowspan="5">外符合精度</td><td></td><td></td><td></td><td>σ_j</td><td>σ</td></tr>
<tr><td>测线 1</td><td>4.65</td><td>−4.99</td><td>2.13</td><td rowspan="4">2.33</td></tr>
<tr><td>测线 2</td><td>4.75</td><td>−5.77</td><td>2.12</td></tr>
<tr><td>测线 3</td><td>6.39</td><td>−5.26</td><td>2.79</td></tr>
<tr><td>测线 4</td><td>5.74</td><td>−5.78</td><td>2.23</td></tr>
</table>

由精度统计图表可以看出,经过 FIR200s 处理的扰动重力曲线虽然变化比较剧烈,但是内符合精度依旧较好,相比于 SINS/GNSS 重力测量方法得到的同样滤波周期重力结果(内符合 5.12mGal,外符合 7.00mGal),精度有了非常大的提升。还有,4.3.2.1 节中测线 2 存在较大误差的情况在这里并没有出现,说明问题不是出在重力传感器数据采集上,更大的误差来源可能来自 GNSS 在该测线测量过程中的较大测量误差。这在一定程度上反映出,比起 GNSS 不稳定应用环境导致计算质量不稳定的问题,测速仪在数据输出方面更加稳定、平滑。

由于本次试验 GNSS 观测条件不佳导致 GNSS 定位误差较大,反映到最后结果中是扰动重力结果内、外符合精度均不甚理想,甚至可以从图 4.12 和

图 4.13 中发现测线 2 时间段 GNSS 出现错误定位的问题,整条测线结果基本失去参考意义。反观测速仪,由于是主动发射和接收地面反射的光电信息,整个试验过程测速仪工作状态稳定,在与捷联式重力仪 SINS 组合导航滤波的过程中数据输出持续有效,最终计算的扰动重力精度也较高。这说明,在 GNSS 观测条件不佳的情况下,采用 GNSS 信息作外部观测量不一定就比测速仪信息作外部观测量更有优势,在开展车载试验的过程中,需要根据实际试验条件选择合适的处理方法,以获得高精度的扰动重力测量结果。

4.4　捷联式 SINS/VEL 车载重力测量方法的几个问题

本章在不使用 GNSS 的条件下,引入测速仪利用 SINS/VEL 重力测量方法对车载数据进行处理,两次实际车载试验数据处理结果表明,与 SINS/GNSS 重力测量方法相比,该方法可以达到同等精度水平,甚至在一些较差的 GNSS 环境观测条件下,SINS/VEL 重力测量方法比 SINS/GNSS 重力测量方法更佳。但是不可否认的是,SINS/VEL 重力测量方法也因其传感器性能特点和组合方式而存在一些缺点。本节就 SINS/VEL 重力测量方法存在的几个问题,提出一些改进的方法。

4.4.1　SINS/VEL/地标修正方法

分析试验二中的图 4.14 SINS/VEL 组合导航定位误差曲线,除了在水平位置方向相差了 300m 左右的误差外,高度方向上的误差也有十几米,这会导致计算正常重力时产生较大误差。本节尝试利用地标修正的方法,在每条测线的起点对其初始位置进行重新装订,得到的组合导航结果如图 4.18 所示。

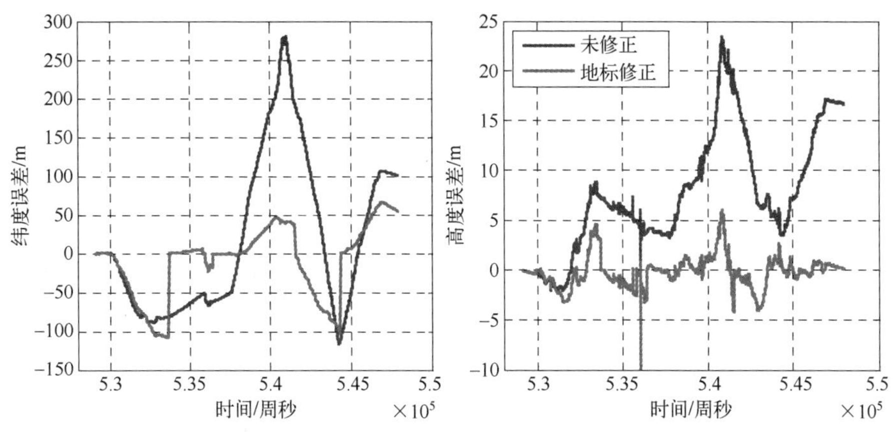

图 4.18　地标修正后的导航定位误差对比

从图中可以看出,在每条测线的起始点对位置进行重新装订,整个试验过程的位置误差明显减小。将此定位结果重新用于正常重力计算,再进行扰动重力的计算及精度统计,结果如图 4.19 所示。

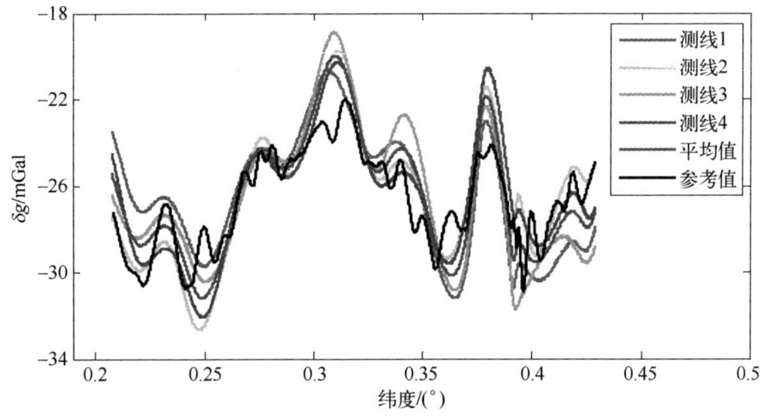

图 4.19 SINS/VEL 重力测量结果(FIR300s)

扰动重力精度的统计结果如表 4.9 所列。

表 4.9 FIR300s 重力测量精度统计(单位:mGal)

		最大值	最小值	均方根(每条测线)	总均方根
内符合精度				ε_j	ε
	测线 1	2.01	-1.61	1.07	0.95
	测线 2	2.29	-2.10	0.98	
	测线 3	1.64	-2.82	0.86	
	测线 4	2.20	-1.13	0.81	
外符合精度				σ_j	σ
	测线 1	3.68	-4.20	1.90	1.73
	测线 2	3.83	-4.88	1.44	
	测线 3	4.82	-4.23	1.95	
	测线 4	3.74	-4.38	1.50	

与之前图 4.15 和表 4.6 对比,采用地标修正方法校正后,重力结果内符合精度由 1.26mGal 提升到 0.95mGal,外符合精度由 1.93mGal 提升到 1.73mGal,这说明该方法在提高重力测量精度方面具有一定的可行性。

4.4.2　重力测量漂移校正

从计算结果来看，重力测量曲线存在漂移的现象，可以通过基点校正的方法对重力数据进行修正，即利用出发前静止的重力值和测试结束后静止的重力值，通过计算其漂移斜率并扣除重力传感器随时间的漂移趋势，从而提高扰动重力的测量精度。以车载重力测量试验二为例，经过漂移校正后的 4 条重复测线精度有了一定程度的提高，结果如图 4.20 所示。

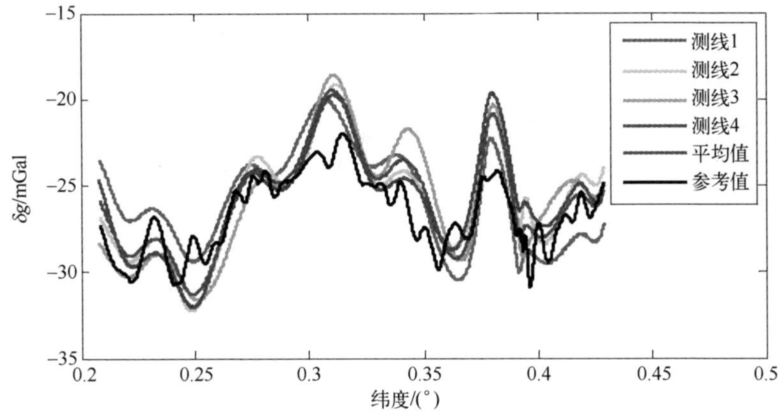

图 4.20　漂移校正后 SINS/VEL 重力测量结果(FIR300s)

重力漂移校正的扰动重力统计如表 4.10 所列。

表 4.10　FIR300s 重力测量精度统计(单位:mGal)

		最大值	最小值	均方根 (每条测线)	总均方根
内符合精度				ε_j	ε
	测线 1	2.34	-2.36	1.46	1.01
	测线 2	1.62	-1.04	0.58	
	测线 3	2.05	-2.53	1.04	
	测线 4	1.71	-1.11	0.72	
外符合精度				σ_j	σ
	测线 1	4.14	-4.39	2.14	1.89
	测线 2	4.32	-5.25	1.74	
	测线 3	4.99	-3.62	1.84	
	测线 4	4.44	-4.98	1.82	

与未经漂移校正的初始试验结果对比可知,漂移校正后重力数据内符合精度由 1.26mGal 提高到 1.01mGal,外符合精度由 1.93mGal 提高到 1.89mGal。内外符合精度均有提高,证明了对重力数据进行漂移校正的有效性。

不过仔细分析发现,在经过了地标修正和扰动重力漂移校正后,重力数据依然存在着漂移的问题,这个可能是多方面原因造成的。本次试验,测线 1 和测线 2、3、4 之间间隔时间比较长,一方面是由于定位误差尤其是高度通道误差产生较大影响,另一方面则是由重力传感器本身的漂移特性决定,甚至在整个试验过程中,重力传感器的漂移特性都有可能发生变化。多方面复杂的原因导致不能很好地消除重力结果中疑似漂移的趋势,对此仍需要进一步的探索。

4.4.3 测速仪安装关系变化

测速仪采用吸盘吸附侧壁的安装方式,在长时间试验过程中可能会出现漏气松动导致测速仪安装关系相对 SINS 发生变化。以某次车载试验为例,使用直接计算的方法估计测速仪标定参数如图 4.21 所示,测速仪的刻度因子和俯仰角变化倒是不大,航向角却有一定的变化,这对 SINS/VEL 组合导航解算的定位精度造成不利影响。航向安装角的变化会导致计算出来的车辆运动轨迹发生顺时针或逆时针旋转,俯仰角的变化则会导致高度方向上结果发生漂移。

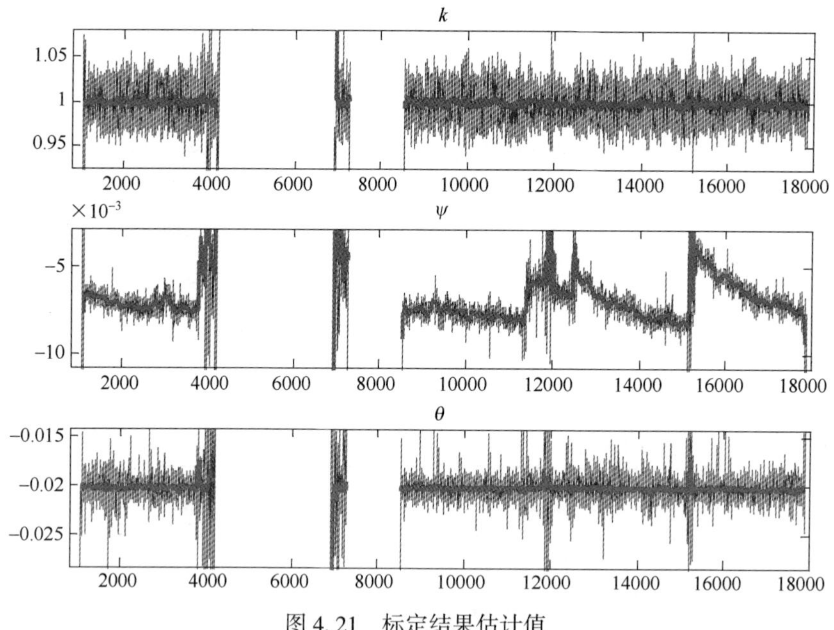

图 4.21 标定结果估计值

由 4.1.3.2 节的定位误差精度对重力测量精度的影响,通过修复校正位置信息,可以把测速仪安装角变化引起的误差降到可以接受的范围。在今后的车载试验中改变测速仪的安装方式,不再使用吸盘吸附而是制作测速仪专用的安装架,将测速仪与试验车固联起来,以消除由于试验过程中安装关系的变化对重力测量结果造成的不确定影响。

4.5 本章小结

本章在完全不使用 GNSS 的情况下,通过引入测速仪辅助捷联式重力仪完成车载重力测量任务。首先对测速仪的选型、安装和标定进行分析,提出了 SINS/VEL 车载重力测量方法进行数据处理,两次实际的车载重力测量试验表明:在测量环境理想、试验开展平稳的条件下,SINS/VEL 重力测量方法可以得到与 SINS/GNSS 重力测量方法精度相当的重力结果。在某些 GNSS 观测条件不佳的情况下,GNSS 定位误差增大导致重力计算结果不理想,SINS/VEL 重力测量方法的结果略优于 SINS/GNSS 重力测量方法。另外,SINS/VEL 重力测量方法也有其自身缺点。没有位置外部观测量的组合导航计算会产生位置累积误差,影响重力测量的精度。这种特性决定了 SINS/VEL 重力测量方法不能用于长时间的车载试验。通过地标修正的方法可以对位置进行修正,数据得到进一步改善。本章的理论分析和实践验证表明,SINS/VEL 重力测量方法可以摆脱车载重力测量对 GNSS 依赖的限制,拓宽车载重力测量的应用环境和应用范围。

第5章　车载重力测量多源数据融合方法研究

本书的第3章和第4章中,分别采用SINS/GNSS重力测量方法和SINS/VEL重力测量方法对车载试验数据进行处理。两种方法均能在特定的条件下完成重力数据计算,但也都面临着不同的问题。在SINS/GNSS重力测量方法中,GNSS为SINS提供高精度位置、速度观测量,但存在因为GNSS受观测环境影响大导致载体加速度计算不稳定的问题,对重力精度结果造成不利影响;在SINS/VEL车载重力测量方法中,测速仪可以提供平滑、稳定的车辆行驶速度观测信息,但是又不可避免地出现随时间累积的误差,这会导致组合导航定位误差增大从而影响重力测量的数据质量。本章综合利用GNSS数据和测速仪数据,采用多传感器数据融合的方法对车载重力测量展开研究,通过对前文所述方法得到的结果进行修正以提高测量精度,然后分别采用集中式卡尔曼滤波方法和联邦滤波方法对多源数据进行融合,以期保证重力测量精度的同时又能提高试验效率,最后对车载重力测量数据综合处理方法进行了归纳总结。

5.1　车载重力测量数据综合处理方法

5.1.1　GNSS位置修正的SINS/VEL重力测量方法

针对4.3.2节中长沙平汝高速路段开展的试验,4.4.1节在每条测线的起点对初始位置进行重新装订,采用地标修正方法对SINS/VEL重力测量数据进行了修正,取得了较好的结果。4.4.1节所谓的地标修正,实际上只对整个试验过程中4条测线的起始点进行位置修正,而在每条测线动态测量的过程中依旧只用了SINS/VEL方法得到的定位结果,而并没有用到GNSS的定位信息。在这种没有GNSS对测线全程位置信息进行校正的情况下,每条测线的导航解算结果中仍然存在着漂移误差。利用差分GNSS位置信息对整个试验过程的SINS/VEL定位结果进行修正,修正后重新计算得到的扰动重力统计结果如图5.1所示。

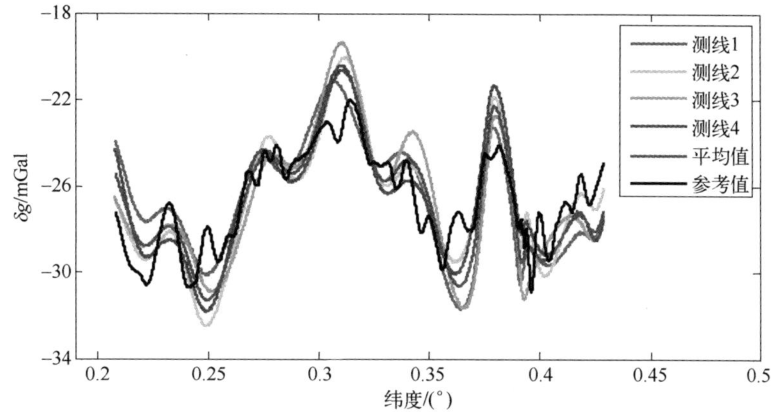

图 5.1　GNSS 位置修正的 SINS/VEL 重力测量结果(FIR300s)

扰动重力精度的统计结果如表 5.1 所列。

表 5.1　FIR300s 重力测量精度统计(单位:mGal)

		最大值	最小值	均方根(每条测线)	总均方根
内符合精度				ε_j	ε
	测线 1	2.01	-1.72	1.12	0.93
	测线 2	1.92	-1.87	0.95	
	测线 3	1.36	-2.70	0.82	
	测线 4	1.75	-1.06	0.78	
外符合精度				σ_j	σ
	测线 1	4.08	-4.67	1.93	1.69
	测线 2	3.55	-4.95	1.46	
	测线 3	4.55	-4.51	1.89	
	测线 4	3.51	-4.23	1.44	

与之前图 4.15、图 4.19 和表 4.6、表 4.9 对比,采用 GNSS 对定位结果进行修复,重新计算正常重力、厄特弗斯改正等误差项,得到经过 GNSS 位置修正后的重力测量结果,内符合精度相当,由 0.95mGal 变到 0.93mGal,外符合精度略有提升,由 1.73mGal 提高到 1.69mGal。从计算结果来看,相比于 4.4.1 节在测线端点进行位置校正的处理方法,对测量试验的全过程进行 GNSS 位置校正,得到的重力结果精度略有提升。

采用同样的方法,对 2015 年 3 月车载试验 SINS/VEL 重力测量方法得到的结果进行修正,获得4条测线的扰动重力统计结果,如表5.2所列。

表5.2 位置修正前后重力测量精度对比(单位:mGal)

滤波周期	FIR200s		FIR300s		FIR400s	
	内符合	外符合	内符合	外符合	内符合	外符合
修正前	1.77	2.90	1.09	1.86	0.79	1.35
修正后	1.74	2.86	1.05	1.82	0.75	1.31

从数据统计表中可以看出,使用差分GNSS结果对SINS/VEL重力测量方法计算的定位数据进行修正,扰动重力精度提升了大约0.04mGal。实际上,从4.1.3节中定位误差对重力计算误差影响的分析来看,获得准确的定位信息对于计算扰动重力非常重要,利用差分GNSS结果对SINS/VEL的定位结果进行修正,将一定程度上提高扰动重力的测量精度。

5.1.2 比力信息和加速度信息交叉对比方法

重力测量主要是比力信息和载体加速度的计算,在前面的章节中分别采用SINS/GNSS重力测量方法和SINS/VEL重力测量方法计算得到了比力测量信息和载体加速度信息,两种方法因为所采用的外部观测量不同,最后的计算结果也有着不同的表现。本节尝试交叉利用两种方法计算的比力信息和加速度信息,来计算扰动重力结果。

以2015年10月车载测量试验为例,试验细节已在4.3.2节详细描述,这里不再赘述。分别由SINS/GNSS重力测量方法计算得到比力信息(简记作GNSS-Fn)和载体加速度信息(简记作GNSSAcc),然后由SINS/VEL重力测量方法计算得到该组数据的比力信息(简记作VELFn)和载体加速度信息(简记作VELAcc)。利用扰动重力计算式(2.5),交叉使用比力和加速度信息,对原始重力结果进行FIR300s低通滤波处理,得到4组对比结果如图5.2所示。

图5.2中,图5.2(a)为4.3.2节中采用SINS/GNSS重力测量方法得到的结果,图5.2(c)为4.3.2节中采用SINS/VEL重力测量方法计算的结果,图5.2(b)中结果是使用了SINS/GNSS重力测量方法的比力信息和SINS/VEL重力测量方法的加速度信息计算得到,图5.2(d)中展示了使用SINS/GNSS重力测量方法的加速度信息和SINS/VEL重力测量方法的比力信息得到的结果。综合分析以上4图可以发现,图5.2(a)、(d)中测线均有较大波动(图中虚线框所示),这两种方法均采用了GNSS计算载体加速度;而图5.2(b)、(c)的结果在该位置变化平稳。由此对比可以确定,在测线2测量时间段内,GNSS计算的

载体加速度出现了较大误差而导致图5.2(a)、(d)重力结果同时出现了较大波动。对各组数据进行不同周期低通滤波处理,结果如表5.3所列。

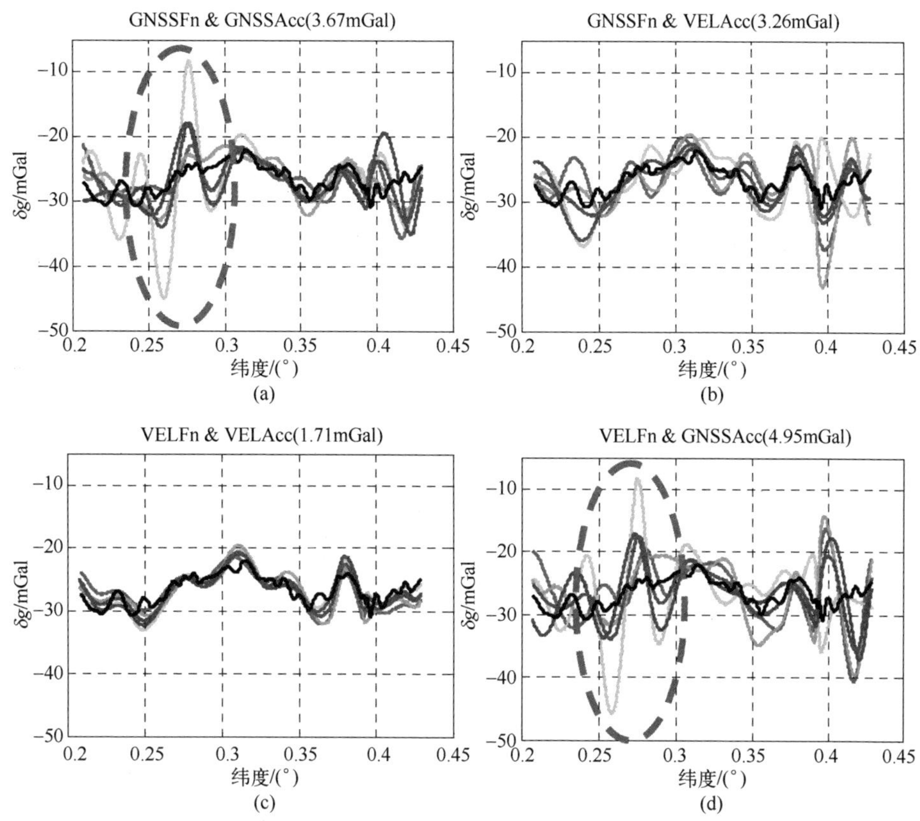

图5.2 交叉对比重力结果

表5.3 重力测量外符合精度统计表(单位:mGal)

滤波周期/s	GNSSFn &GNSSAcc	GNSSFn &VELAcc	VELFn &VELAcc	VELFn &GNSSAcc
200	7.05	4.36	2.33	8.20
300	3.67	3.26	1.93	4.95
400	2.30	2.34	1.52	3.16

从表中可以看出,在有GNSS参与计算的加速度信息中,重力数据精度均不理想,这其中主要原因就是测线2时间段中GNSS的计算结果出现了问题,从而引起后续重力结果的一系列较大误差。

尽管这种交叉对比的方法比较简单,精度也并没有得到显著提高,但是通过这种交叉对比分析,可以及时发现并确认试验中的系统故障。比如就该次试验来讲,如果没有两种方法的交叉对比分析,就不能确定测量过程中是比力测量出的问题还是载体加速度计算出的问题;而有了不同方法的对比分析,就可以明确问题出在 GNSS 计算的加速度方面,因此在接下来的重力数据计算中可以选择对该段数据进行修复或者直接剔除,从而降低外部传感器故障对重力结果计算带来的不利影响。

5.2 SINS/GNSS/VEL 车载重力测量集中式滤波方法

5.2.1 SINS/GNSS/VEL 车载重力测量集中式滤波模型

利用卡尔曼滤波技术进行组合导航估计主要有两种方法:一种是集中式卡尔曼滤波;第二种是分散式卡尔曼滤波。集中式卡尔曼滤波是将导航系统中所有的状态信息集中起来,在一个卡尔曼滤波器加以计算估计,理论上可以给出误差状态的最优估计[121]。

在车载重力测量中,GNSS 系统和测速仪均可以为重力仪系统提供外部观测量。选取状态变量 $\boldsymbol{X}(t)=[\delta\boldsymbol{p}\quad\delta\boldsymbol{v}\quad\boldsymbol{\psi}\quad\boldsymbol{b}_a\quad\boldsymbol{b}_g]^{\mathrm{T}}$,卡尔曼滤波状态方程可以写作

$$\dot{\boldsymbol{X}}(t)=\boldsymbol{F}(t)\boldsymbol{X}(t)+\boldsymbol{G}(t)\boldsymbol{W}(t) \tag{5.1}$$

式(5.1)的详细表达式与 3.1.2 节中表达式相同,具体表达式详见式(3.8)~式(3.17)。

在车载测量试验中,重力仪同时配备了 GNSS 和测速仪等传感器以提供外部观测量。差分 GNSS 虽然可以提供高精度位置信息,但其提供的速度精度较低、噪声较大,而测速仪作为专业的速度测量设备可以实时提供高精度速度信息。因此这里量测信息的选择与之前有所不同,分别选取由 GNSS 位置与 SINS 计算位置之差、测速仪测得的速度与 SINS 计算的速度之差,将二者合起来组成卡尔曼滤波器的量测信息,于是量测方程可以表示为

$$\boldsymbol{Z}(t)=\begin{bmatrix}\delta\boldsymbol{p}\\ \delta\boldsymbol{v}\end{bmatrix}=\begin{bmatrix}\boldsymbol{p}_{\mathrm{GNSS}}^{n}-\boldsymbol{p}_{\mathrm{SINS}}^{n}\\ \boldsymbol{v}_{\mathrm{VEL}}^{n}-\boldsymbol{v}_{\mathrm{SINS}}^{n}\end{bmatrix}=\boldsymbol{H}(t)\boldsymbol{X}(t)+\boldsymbol{V}(t) \tag{5.2}$$

量测矩阵 $\boldsymbol{H}$ 可以表示成

$$\boldsymbol{H}(t)=\begin{bmatrix}\boldsymbol{I}_{3\times3} & \boldsymbol{0} & \boldsymbol{0} & \boldsymbol{0} & \boldsymbol{0}\\ \boldsymbol{0} & \boldsymbol{I}_{3\times3} & \boldsymbol{0} & \boldsymbol{0} & \boldsymbol{0}\end{bmatrix} \tag{5.3}$$

式中　$\boldsymbol{p}_{\text{GNSS}}^{n}$——GNSS 获得的 n 系位置；

$\boldsymbol{p}_{\text{SINS}}^{n}$——SINS 计算的 n 系位置；

$\boldsymbol{v}_{\text{VEL}}^{n}$——测速仪测得的 n 系速度；

$\boldsymbol{v}_{\text{SINS}}^{n}$——SINS 计算的 n 系速度；

$\boldsymbol{I}_{3\times3}$——单位阵。

5.2.2　集中式滤波方法试验验证

5.2.2.1　车载重力测量试验一

使用集中式卡尔曼滤波方法对本次试验数据进行处理，FIR200s 低通滤波后，扰动重力结果如图 5.3 所示。

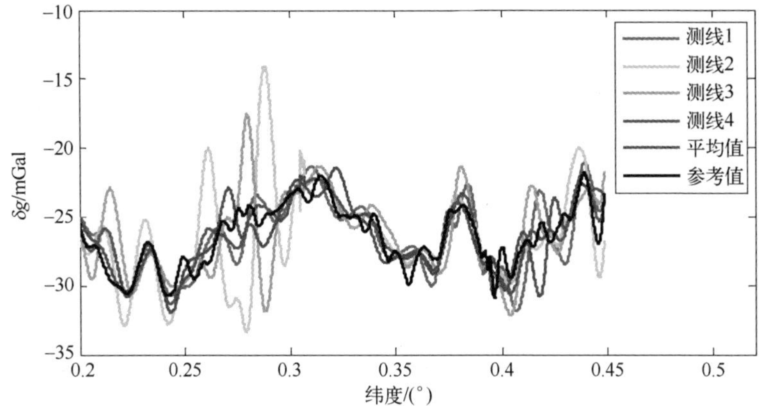

图 5.3　SINS/GNSS/VEL 集中式滤波重力测量结果（FIR200s）

扰动重力精度统计如表 5.4 所列。

表 5.4　FIR200s 重力测量精度统计（单位：mGal）

		最大值	最小值	平均值	均方根（每条测线）	总均方根
内符合精度					ε_j	ε
	测线 1	5.18	−2.52	0.32	1.10	1.83
	测线 2	10.51	−7.53	0.24	2.38	
	测线 3	7.70	−9.06	−0.31	1.52	
	测线 4	4.51	−4.55	−0.24	1.42	

（续）

		最大值	最小值	平均值	均方根 （每条测线）	总均方根
外符合精度					σ_j	σ
	测线 1	3.61	−3.68	0.31	1.28	2.20
	测线 2	10.95	−8.80	0.23	2.19	
	测线 3	6.98	−13.05	−0.32	2.15	
	测线 4	3.95	−5.25	−0.24	1.20	

FIR300s 低通滤波的重力结果如图 5.4 和表 5.5 所示。

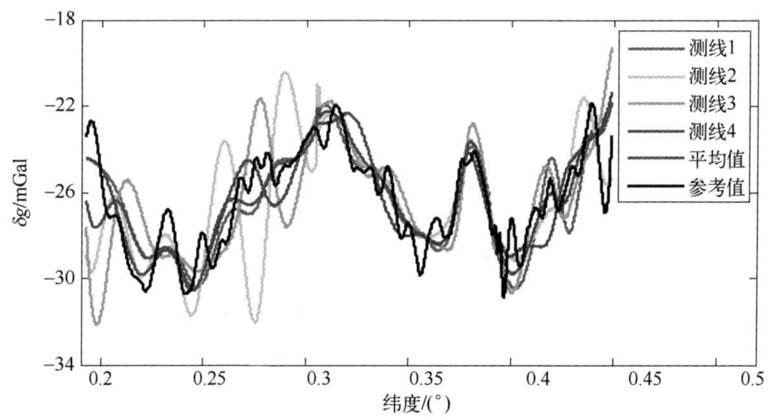

图 5.4　SINS/GNSS/VEL 集中式滤波重力测量结果（FIR300s）

表 5.5　FIR300s 重力测量精度统计（单位：mGal）

		最大值	最小值	平均值	均方根 （每条测线）	总均方根
内符合精度					ε_j	ε
	测线 1	3.34	−1.74	0.33	0.83	1.21
	测线 2	4.40	−5.43	0.17	1.57	
	测线 3	4.29	−4.79	−0.28	1.52	
	测线 4	2.83	−2.35	−0.22	0.99	
外符合精度					σ_j	σ
	测线 1	4.90	−2.86	0.34	1.28	1.73
	测线 2	4.91	−7.46	0.18	2.19	
	测线 3	5.94	−9.04	−0.28	2.15	
	测线 4	4.31	−2.93	−0.22	1.20	

从图表分析来看,对比第 3 章 SINS/GNSS 重力测量方法计算的重力结果(图 3.14、图 3.15 和表 3.2、表 3.3),该方法得到的 FIR200s 滤波后扰动重力内符合精度由 1.86mGal 提升为 1.83mGal,外符合精度由 2.27mGal 提高到 2.20mGal。同样地,300s 滤波后的重力结果内外符合精度分别为 1.21mGal 和 1.73mGal,相较之前 1.22mGal 和 1.74mGal 的结果也有提升。这说明将测速仪数据作为独立的外部观测信息纳入集中式滤波统一处理,重力测量精度可以进一步得到提升。

5.2.2.2　车载重力测量试验二

采用同样的滤波方法对此次试验数据进行处理,经过 200s 低通滤波后的 4 条重复测线内符合精度 4.57mGal,外符合精度 6.20mGal,主要问题还是第二条测线误差较大导致整体结果不佳。

将原始重力结果进行 FIR300s 低通滤波,得到的扰动重力结果如图 5.5 所示。

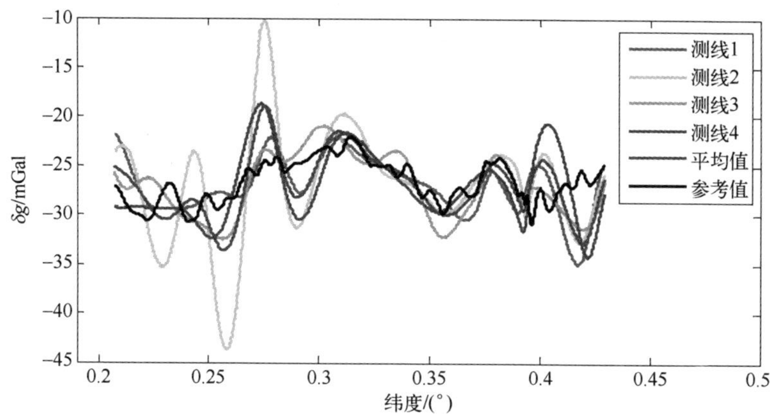

图 5.5　SINS/GNSS/VEL 集中式滤波重力测量结果(FIR300s)

详细的扰动重力精度统计如表 5.6 所列。

表 5.6　FIR300s 重力测量精度统计(单位:mGal)

		最大值	最小值	平均值	均方根(每条测线)	总均方根
内符合精度					ε_j	ε
	测线 1	5.85	-4.72	3.51	1.90	2.30
	测线 2	8.64	-10.24	-0.85	3.09	
	测线 3	4.91	-4.51	-1.12	1.96	
	测线 4	4.81	-4.16	-1.54	2.05	

（续）

		最大值	最小值	平均值	均方根（每条测线）	总均方根
外符合精度					σ_j	σ
	测线 1	5.86	-9.03	3.50	2.59	3.45
	测线 2	14.62	-14.94	-0.25	5.09	
	测线 3	4.68	-5.52	-1.12	2.19	
	测线 4	9.14	-7.59	-1.55	3.19	

FIR 400s 低通滤波的结果如图 5.6 和表 5.7 所示。

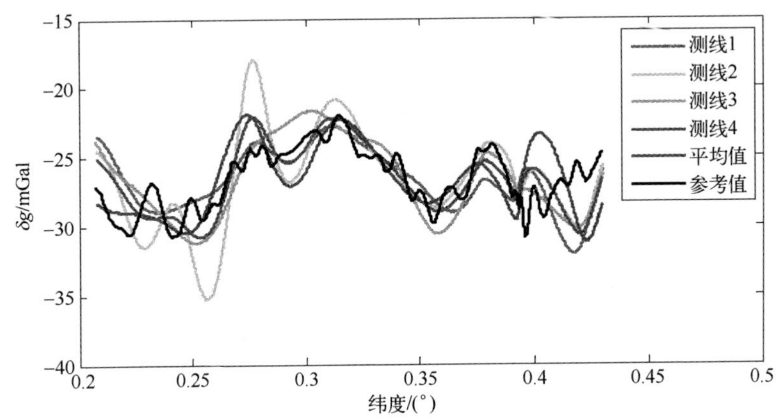

图 5.6 SINS/GNSS/VEL 集中式滤波重力测量结果（FIR400s）

表 5.7 FIR400s 重力测量精度统计（单位：mGal）

		最大值	最小值	平均值	均方根（每条测线）	总均方根
内符合精度					ε_j	ε
	测线 1	2.93	-2.18	2.56	1.16	1.36
	测线 2	4.16	-4.82	-0.83	1.56	
	测线 3	3.08	-2.45	-1.08	1.21	
	测线 4	3.16	-3.20	-1.65	1.46	
外符合精度					σ_j	σ
	测线 1	4.93	-6.59	2.57	2.07	2.19
	测线 2	6.81	-6.64	-0.82	2.63	
	测线 3	3.93	-4.87	-1.05	1.90	
	测线 4	6.01	-4.74	-1.26	2.11	

对比第 3 章中的相应结果，经过 300s 滤波的内外符合精度分别由 2.47mGal 和 3.67mGal 提高到 2.30mGal 和 3.45mGal，提升幅度在 0.2mGal 左右，400s 滤波的结果分别由 1.59mGal 和 2.30mGal 提高到 1.36mGal 和 2.19mGal，同样证明了集中式卡尔曼滤波方法在车载试验中的有效性。

5.3 SINS/GNSS/VEL 车载重力测量联邦滤波方法

在 5.2 节中采用集中式卡尔曼滤波对车载重力数据进行处理，相比第 3 章的结果精度有所提升。集中式滤波虽然理论上可以给出误差状态的最优估计，但是也存在状态维数高、计算负担重、容错性能差的缺点。分散式滤波中的联邦滤波方法自 N. A. Carlson 提出后[128,129]，由于其设计灵活、计算量小、容错性能好的特点而受到关注和重视，经过不断改进完善的联邦滤波技术目前广泛应用于多传感器多系统的信息融合数据处理场合[110,127,130-137]。本节综合利用车载试验多种数据，采用联邦滤波方法对车载重力数据进行处理，探索在保持原有数据精度的基础上，进一步提高数据处理的计算效率和稳定性。

5.3.1 SINS/GNSS/VEL 车载重力测量联邦滤波模型

联邦滤波采用两步级联、分块滤波估计的数据融合技术，其核心思想是分系统分散处理、并行工作，然后将分系统的部分数据进行融合计算以得到全局最优估计[112]。联邦滤波的计算过程可以总结如下。

1）初值设定与信息分配

设置起始时刻全局状态初始值 $\boldsymbol{X}_0$、协方差阵 $\boldsymbol{P}_0$ 和系统协方差阵 $\boldsymbol{Q}_0$，$\hat{\boldsymbol{X}}_i$、$\boldsymbol{P}_i$、$\boldsymbol{Q}_i$ 分别为子滤波器的状态估计、协方差阵和子系统协方差阵，$\hat{\boldsymbol{X}}_f$、$\boldsymbol{P}_f$、$\boldsymbol{Q}_f$ 则为主滤波器对应的状态估计、协方差阵和系统协方差阵。依据信息分配原则，将信息分配至各滤波器，有

$$\boldsymbol{Q}^{-1}=\boldsymbol{Q}_1^{-1}+\boldsymbol{Q}_2^{-1}+\cdots+\boldsymbol{Q}_N^{-1}+\boldsymbol{Q}_f^{-1},\quad \boldsymbol{Q}_i^{-1}=\beta_i\boldsymbol{Q}^{-1} \tag{5.4}$$

$$\boldsymbol{P}^{-1}=\boldsymbol{P}_1^{-1}+\boldsymbol{P}_2^{-1}+\cdots+\boldsymbol{P}_N^{-1}+\boldsymbol{P}_f^{-1},\quad \boldsymbol{P}_i^{-1}=\beta_i\boldsymbol{P}^{-1} \tag{5.5}$$

其中，β_i 需要满足信息守恒原则，即

$$\sum_i \beta_i = 1,\quad i = 1,2,\cdots,N,f \tag{5.6}$$

2）时间更新

$$\hat{\boldsymbol{X}}_i(k+1/k)=\boldsymbol{\Phi}_i(k+1,k)\hat{\boldsymbol{X}}_i(k),\quad i=1,2,\cdots,N,f \tag{5.7}$$

$$\boldsymbol{P}_i(k+1/k)=\boldsymbol{\Phi}_i(k+1,k)\boldsymbol{P}_i(k/k)\boldsymbol{\Phi}_i^{\mathrm{T}}(k+1,k)+\boldsymbol{\Gamma}_i(k+1,k)\boldsymbol{Q}_i(k)\boldsymbol{\Gamma}_i^{\mathrm{T}}(k+1,k) \tag{5.8}$$

3）量测更新

$$\boldsymbol{K}_i(k+1)=\boldsymbol{P}_i(k+1/k)\boldsymbol{H}_i^{\mathrm{T}}(k+1)(\boldsymbol{H}_i(k+1)\boldsymbol{P}_i(k+1/k)\boldsymbol{H}_i^{\mathrm{T}}(k+1)+\hat{\boldsymbol{R}}_i(k))^{-1} \tag{5.9}$$

$$\hat{\boldsymbol{X}}_i(k+1/k+1)=\hat{\boldsymbol{X}}_i(k+1/k)+\boldsymbol{K}_i(k+1)(\boldsymbol{Z}_i(k+1)-\boldsymbol{H}_i(k+1)\hat{\boldsymbol{X}}_i(k+1/k)) \tag{5.10}$$

$$\boldsymbol{P}_i(k+1/k+1)=(\boldsymbol{I}-\boldsymbol{K}_i(k+1)\boldsymbol{H}_i(k+1))\boldsymbol{P}_i(k+1/k) \tag{5.11}$$

4）信息融合

$$\hat{\boldsymbol{X}}=\boldsymbol{P}\sum_{i=1}^{N,f}\boldsymbol{P}_i^{-1}\hat{\boldsymbol{X}}_i=\boldsymbol{P}\boldsymbol{P}_1^{-1}\hat{\boldsymbol{X}}_1+\boldsymbol{P}\boldsymbol{P}_2^{-1}\hat{\boldsymbol{X}}_2+\cdots+\boldsymbol{P}\boldsymbol{P}_N^{-1}\hat{\boldsymbol{X}}_N+\boldsymbol{P}\boldsymbol{P}_f^{-1}\hat{\boldsymbol{X}}_f \tag{5.12}$$

$$\boldsymbol{P}=\left(\sum_{i=1}^{N,f}\boldsymbol{P}_i^{-1}\right)^{-1}=(\boldsymbol{P}_1^{-1}+\boldsymbol{P}_2^{-1}+\cdots+\boldsymbol{P}_N^{-1}+\boldsymbol{P}_f^{-1}) \tag{5.13}$$

式中，$\boldsymbol{P}^{-1}$描述的是滤波估计值$\hat{\boldsymbol{X}}_i$所包含的信息量大小，$\boldsymbol{P}_i$越小表示第i个子滤波器对$\hat{\boldsymbol{X}}_i$的估计精度越高；反之，则表示估计精度越低。

联邦滤波器根据信息分配系数β_i取值的不同而有多种结构形式，不同结构的联邦滤波器在容错性、精度、计算量等方面均有所不同，主要分为融合反馈结构、零化式结构、无复位结构和融合重置结构[110,121]。这里不做详细介绍，总之在选择联邦滤波进行卡尔曼滤波估计的过程中，需要根据计算精度、计算性能、容错性能等实际需求，综合考虑选取合适的信息分配因子，以得到理想的计算效果。

结合车载重力测量试验，选择重力仪 SINS 作为主导航系统，SINS 与 GNSS 和测速仪分别进行组合，组成 SINS/GNSS 子滤波器和 SINS/VEL 子滤波器，再将两个子系统按照联邦滤波器结构进行组合，如图 5.7 所示。

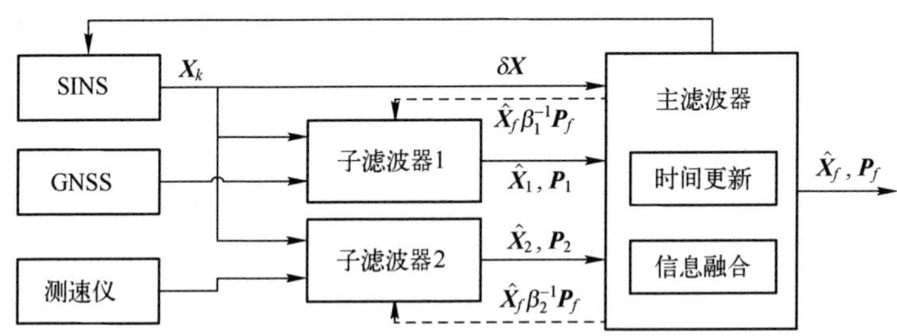

图 5.7　SINS/GNSS/VEL 联邦滤波数据处理流程

在图 5.7 中，车载重力测量联邦滤波采用两级处理结构，有一个主滤波器和两个子滤波器。选择 SINS 作为公共参考系统，它的输出信息 $\boldsymbol{X}_k$ 除了直接进入主滤波器以外，还分别与 GNSS 和测速仪组成组合导航子滤波器。SINS/GNSS 子滤波器系统计算得到局部滤波估计值 $\hat{\boldsymbol{X}}_1$ 与协方差阵 $\boldsymbol{P}_1$，SINS/VEL 计算得到滤波估计值 $\hat{\boldsymbol{X}}_2$ 与协方差阵 $\boldsymbol{P}_2$，数据进入主滤波器进行数据融合，由主滤波器将各子滤波器的部分估计状态进行综合计算，得到全局估计值 $\hat{\boldsymbol{X}}_f$ 和全局协方差阵 $\boldsymbol{P}_f$。依据分配原则，将全局协方差矩阵放大至 $\beta_i^{-1}\boldsymbol{P}_f$（其中 $\sum_{i=1}^{2}\beta_i=1, i=1,2$）反馈至子滤波器中，并用全局估计值 $\hat{\boldsymbol{X}}_f$ 进入主滤波器和子滤波器，实现对子滤波器的重置、校正[121]，即

$$\hat{\boldsymbol{X}}_i=\hat{\boldsymbol{X}}_f \quad \hat{\boldsymbol{P}}_i=\beta_i^{-1}\hat{\boldsymbol{P}}_f \tag{5.14}$$

选定 SINS/GNSS 子系统的误差状态方程为

$$\dot{\boldsymbol{X}}(t)=\boldsymbol{F}(t)\boldsymbol{X}(t)+\boldsymbol{G}(t)\boldsymbol{W}(t) \tag{5.15}$$

其中，状态量选取为 15 维的 $\boldsymbol{X}(t)=[\delta\boldsymbol{p} \quad \delta\boldsymbol{v} \quad \boldsymbol{\psi} \quad \boldsymbol{b}_a \quad \boldsymbol{b}_g]^{\mathrm{T}}$，$\boldsymbol{F}$ 和 $\boldsymbol{G}$ 的构建与 3.1.2 节相同。

量测信息选取为 GNSS 获得的位置、速度与 SINS 计算得到的位置、速度之差，即 SINS/GNSS 子系统量测方程为

$$\boldsymbol{Z}_1(t)=\boldsymbol{H}_1(t)\boldsymbol{X}(t)+\boldsymbol{V}_1(t) \tag{5.16}$$

其中

$$\boldsymbol{Z}_1(t)=\begin{bmatrix}\delta\boldsymbol{p}\\ \delta\boldsymbol{v}\end{bmatrix}=\begin{bmatrix}\boldsymbol{p}^n_{\mathrm{GNSS}}-\boldsymbol{p}^n_{\mathrm{SINS}}\\ \boldsymbol{v}^n_{\mathrm{GNSS}}-\boldsymbol{v}^n_{\mathrm{SINS}}\end{bmatrix} \tag{5.17}$$

SINS/VEL 子系统的量测信息选取为测速仪测得的速度与 SINS 计算的速度之差，其量测方程为

$$\boldsymbol{Z}_2(t)=\boldsymbol{H}_2(t)\boldsymbol{X}(t)+\boldsymbol{V}_2(t) \tag{5.18}$$

其中

$$\boldsymbol{Z}_2(t)=[\boldsymbol{v}^n_{\mathrm{VEL}}-\boldsymbol{v}^n_{\mathrm{SINS}}] \tag{5.19}$$

量测矩阵 $\boldsymbol{H}_1(t)$、$\boldsymbol{H}_2(t)$ 分别采用与第 3、4 章中对应的相同表达式。

联邦卡尔曼滤波计算中，由主滤波器对各子滤波器估计值和预报误差的协方差阵进行融合，得到全局误差状态估计值：

$$\hat{\boldsymbol{X}}_f=\boldsymbol{P}_f(\boldsymbol{P}_1^{-1}\hat{\boldsymbol{X}}_1+\boldsymbol{P}_2^{-1}\hat{\boldsymbol{X}}_2) \tag{5.20}$$

式中

$$\boldsymbol{P}_f=(\boldsymbol{P}_1^{-1}+\boldsymbol{P}_2^{-1})^{-1} \tag{5.21}$$

由此可见,两个子系统中的信息通过融合处理,均对最后主函数滤波产生作用,特别是在其中某个子系统存在故障的时候依然可以有其他系统提供外部观测量,这从一定程度上保持了系统滤波的可靠性。

5.3.2 联邦滤波方法试验验证

5.3.2.1 车载重力测量试验一

车载数据选择 3.3.2 节中的 2015 年 3 月在长沙市东部的平汝高速车载重力测量试验,将惯导数据、GNSS 数据和测速仪数据用于联邦滤波组合导航,其中 GNSS 提供位置和速度观测量,测速仪提供速度观测量。将组合导航滤波计算的速度估计值进行一次差分,计算得到载体加速度。由式(2.5)进行一系列误差改正和低通滤波处理,得到 4 条测线的扰动重力测量结果如图 5.8 所示。

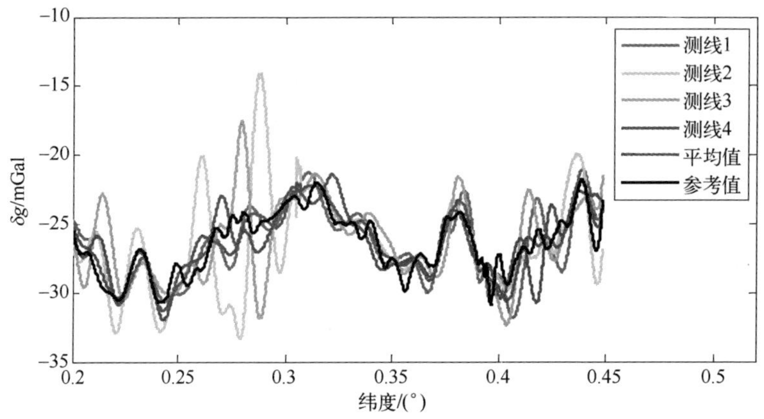

图 5.8 SINS/GNSS/VEL 联邦滤波重力测量结果(FIR200s)

内符合精度和外符合精度的统计结果如表 5.8 所列。

表 5.8 FIR200s 重力测量精度统计(单位:mGal)

		最大值	最小值	平均值	均方根(每条测线)	总均方根
内符合精度					ε_j	ε
	测线 1	5.35	−2.55	0.33	1.13	1.84
	测线 2	10.60	−7.53	0.23	2.40	
	测线 3	7.60	−9.13	−0.31	2.21	
	测线 4	4.44	−4.50	−0.25	1.40	

（续）

		最大值	最小值	平均值	均方根（每条测线）	总均方根
外符合精度					σ_j	σ
	测线 1	3.43	-3.69	0.33	1.49	2.20
	测线 2	11.18	-8.52	0.23	2.92	
	测线 3	6.60	-14.92	-0.31	2.66	
	测线 4	3.80	-5.44	-0.25	1.39	

对原始重力数据进行 FIR300s 低通滤波处理，扰动重力结果如图 5.9 所示。

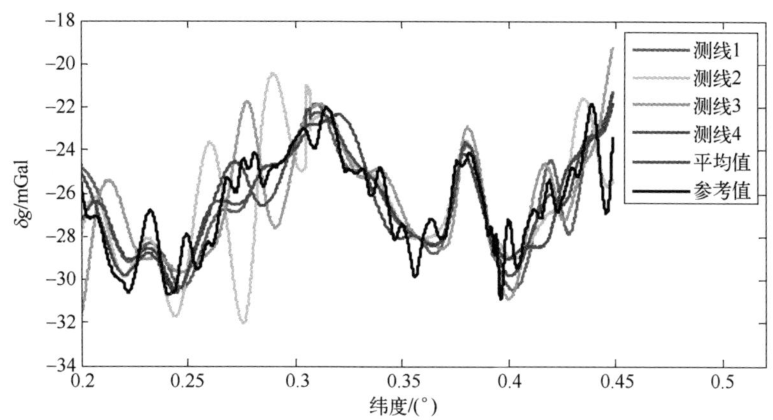

图 5.9　SINS/GNSS/VEL 联邦滤波重力测量结果（FIR300s）

内符合精度与外符合精度的统计结果如表 5.9 所列。

表 5.9　FIR300s 重力测量精度统计（单位：mGal）

		最大值	最小值	平均值	均方根（每条测线）	总均方根
内符合精度					ε_j	ε
	测线 1	3.55	-1.72	0.35	0.87	1.25
	测线 2	4.44	-5.45	0.17	1.59	
	测线 3	4.23	-4.84	-0.28	1.53	
	测线 4	2.75	-2.30	-0.23	0.97	
外符合精度					σ_j	σ
	测线 1	4.85	-2.83	0.34	1.30	1.77
	测线 2	4.88	-7.45	0.16	2.20	
	测线 3	6.04	-9.07	-0.29	2.19	
	测线 4	4.35	-2.88	-0.24	1.22	

采用联邦滤波方法得到的重复测线内符合精度为 1.25mGal,外符合精度 1.77mGal,基本与单独采用 SINS/GNSS 重力测量方法和 SINS/VEL 重力测量方法计算得到的扰动重力结果处于同一水平,这说明在一些比较理想的试验观测环境中,不论采用什么方法得到的结果差别都很小,也就是说目前得到精度水平基本是现有软硬件性能和试验条件所能达到的极限精度。不过值得注意的是,因为有着多种外部传感器信息的加入,联邦滤波方法在计算效率和稳定性方面,相比集中式滤波方法还是稍占优势。

5.3.2.2 车载重力测量试验二

将同样的计算方法用于 2015 年 10 月车载测量试验中,联邦滤波处理得到的 4 条测线扰动重力结果如图 5.10 所列。

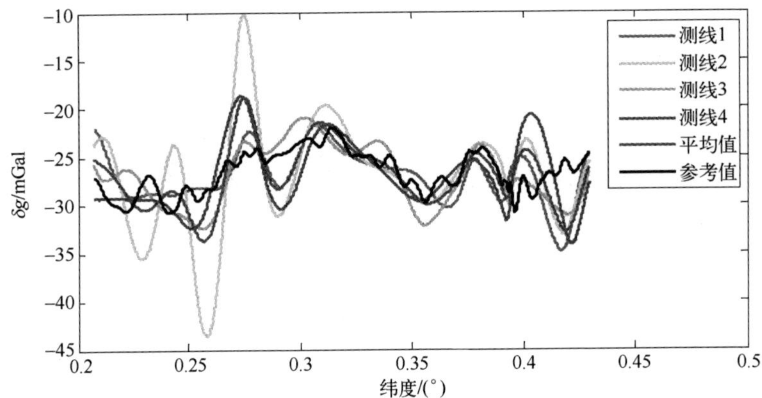

图 5.10 SINS/GNSS/VEL 联邦滤波重力测量结果(FIR300s)

内外符合精度的统计结果如表 5.10 所列。

表 5.10 FIR300s 重力测量精度统计(单位:mGal)

		最大值	最小值	平均值	均方根(每条测线)	总均方根
内符合精度					ε_j	ε
	测线 1	5.52	-4.52	3.53	1.87	2.35
	测线 2	8.64	-10.12	-0.89	3.08	
	测线 3	4.98	-4.59	-1.10	2.01	
	测线 4	4.81	-4.11	-1.54	2.05	
外符合精度					σ_j	σ
	测线 1	5.78	-8.86	3.54	2.54	3.47
	测线 2	-14.63	-14.84	-0.89	5.14	
	测线 3	4.79	-5.31	-1.10	2.16	
	测线 4	9.15	-7.53	-1.54	3.19	

对原始重力数据进行 400s 低通滤波处理,得到的结果如图 5.11 所示。

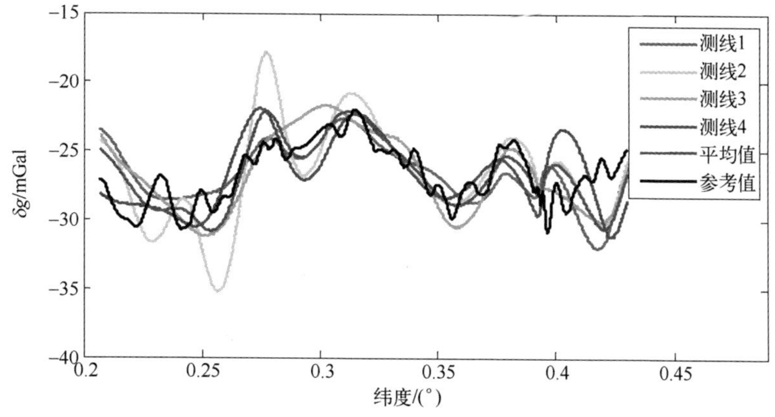

图 5.11　SINS/GNSS/VEL 联邦滤波重力测量结果(FIR400s)

内符合精度和外符合精度的统计结果如表 5.11 所列。

表 5.11　FIR400s 重力测量精度统计(单位:mGal)

		最大值	最小值	平均值	均方根(每条测线)	总均方根
内符合精度					ε_j	ε
	测线 1	2.78	-2.20	3.60	1.18	1.37
	测线 2	4.26	-4.75	-0.87	1.56	
	测线 3	3.09	-2.47	-1.07	1.23	
	测线 4	3.21	3.18	-1.65	1.47	
外符合精度					σ_j	σ
	测线 1	4.86	-6.53	3.59	2.04	2.20
	测线 2	6.91	-6.59	-0.88	2.69	
	测线 3	3.97	-4.76	-1.08	1.88	
	测线 4	6.01	-4.70	-1.66	2.11	

相比 SINS/VEL 重力测量方法得到的结果,采用联邦滤波方法并不占有明显优势。而对比 SINS/GNSS 重力测量方法(图 4.12、图 4.13 和表 4.4、表 4.5)和集中式滤波得到的结果(图 5.5、图 5.6 和表 5.6、表 5.7),联邦滤波方法得到的结果略优于 SINS/GNSS 重力测量方法,基本与集中式滤波方法得到的结果精度相当。

另外,之前分析过第二条测线的 GNSS 存在故障且不易修复,一般选择将其剔除重新统计其余三条重复测线的精度。将第二条测线剔除后,三种不同方法得到的精度统计结果精度相当、差别较小,这一方面相互验证了不同数据处理算法各自的稳定性和有效性,也在另一方面体现了重力仪系统设备性能的稳定性。

车载重力测量试验设备较多、实施难度较大,加上实际车载环境多变复杂,这对顺利开展车载试验、提高重力测量精度来说是一个巨大挑战,不规范的试验操作与不成熟的数据处理方法都有可能导致车载试验的失败,因此需要总结一套实用的、适用于车载试验实施的步骤流程和数据综合处理方法。

根据车载重力测量试验的实际环境,针对不同测量环境采用不同的处理方法:在有 GNSS 的条件下,采用第 3 章改进的 SINS/GNSS 重力测量数据处理方法,对重力数据进行计算;如果试验中没有 GNSS 或者 GNSS 观测条件不理想,选择采用第 4 章提出的 SINS/VEL 重力测量方法计算扰动重力结果;为了提高试验效率和可操作性,可以综合利用 GNSS 和测速仪数据,进行 SINS/GNSS/VEL 重力测量多源数据融合方法,分别运用集中式滤波和联邦滤波方法对重力数据进行计算与结果修正。将不同方法得到的数据结果综合比对评估,从而得到车载重力测量试验的最优结果。车载重力测量数据综合处理流程如图 5.12 所示。

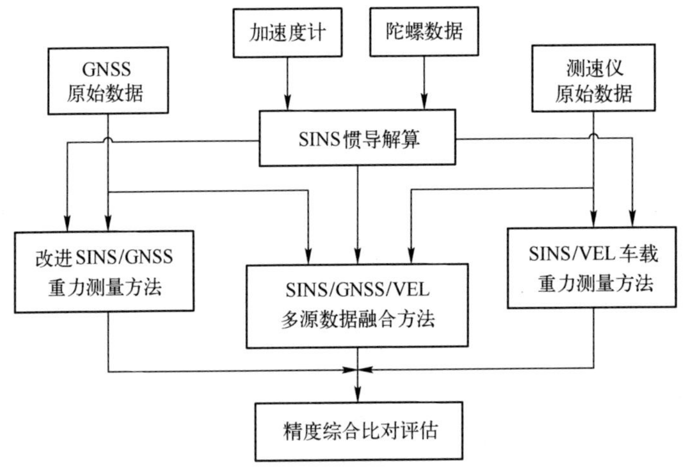

图 5.12 车载重力测量数据综合处理流程

5.4 本章小结

针对车载重力测量实际条件,在第 3 章和第 4 章基础上,本章首先综合利用 SINS/GNSS 和 SINS/VEL 重力测量方法得出的结果,通过位置修正和交叉对比的方法对已有结果进行修正,扰动重力精度得到一定程度的提高。然后分别采用 SINS/GNSS/VEL 车载重力测量集中式滤波和联邦滤波方法,充分利用试验中尽可能多的数据信息,将多源数据进行融合,提高了车载重力测量的精度和稳定性,同时实现了前面章节提出的方法在稳定性和有效性方面的相互检验验证。最后,对车载重力测量数据处理方法进行总结归纳,不同测量环境下选用不同的数据处理方法,归纳出车载重力测量的实用化方法,以确保车载重力测量试验顺利进行,提高重力测量精度的同时,提高试验效率。

第6章　总结与展望

车载重力测量沿地球表面道路实施,其较慢的速度和机动灵活的特点可以为高精度地面重力测量提供有利条件。精确测定地球重力场对于深入研究地球科学、推动国民经济发展、支撑国防建设具有非常重要的意义。由于试验环境的复杂性,车载重力测量仍然面临着许多问题与挑战,研究并突破车载重力测量设备研发和关键技术,将为车载重力测量用于我国重力普查和精细化重力场建设提供有效手段。

本书基于国防科技大学自主研制的SGA-WZ02重力仪系统,重点针对捷联式车载重力测量关键技术和方法开展研究。为了提高车载重力测量精度,在推导了重力测量误差模型的基础上,结合不同实际试验环境,分别在有GNSS条件的车载重力测量方法、无GNSS条件的车载重力测量方法、车载重力测量多源数据融合方法等几个方面进行了研究,主要研究成果归纳如下。

(1) 对车载重力测量基本原理开展研究,提出了利用位置更新方法进行车载重力测量数据处理,推导了车载重力测量的数学模型并对其进行误差分析,给出了车载重力测量结果中常用的精度评估方法。

(2) 针对有GNSS观测条件的车载重力测量,提出适用于车载试验的改进SINS/GNSS重力测量方法。通过对车载GNSS观测环境和航空GNSS观测环境的对比定量分析,提出GNSS数据异常检测与修复方法,利用改进的SINS/GNSS重力测量方法对车载试验数据进行处理,结果表明该方法可以得到较高精度和分辨率的扰动重力结果,验证了该方法用于车载重力测量的有效性。

(3) 探索验证了PPP技术用于车载重力测量的可行性和有效性。通过两次实测数据将PPP技术用于车载重力测量给出了PPP技术的使用条件,试验表明在理想的GNSS观测条件下,采用PPP技术可以得到与差分GNSS精度相当的重力结果。

(4) 在无GNSS可用的条件下,提出了采用SINS/VEL车载重力测量方法进行数据处理,完成车载重力测量任务。车载重力测量的试验结果表明:在测量环境理想、试验开展平稳的条件下,捷联式SINS/VEL重力测量方法可以得到与SINS/GNSS重力测量方法精度相当的扰动重力结果。对比两种方法发现,在一些 GNSS 观测条件不理想的重力测量试验中,SINS/VEL 车载重力测量方法的计算结果略优于 SINS/GNSS 重力测量方法,这说明其在某些特定应用环境下有着独特的优势。SINS/VEL 车载重力测量方法的提出,可以摆脱车载重力测量对 GNSS 的严重依赖、拓宽车载重力测量的应用范围,同时为其他载体搭载且有类似试验环境的重力测量(如水下重力测量)提供有益思路。

(5) 针对车载试验的多传感器数据采集,提出了车载重力测量多源数据融合方法。利用车载试验中多种传感器可以获取的多源数据,分别运用 SINS/GNSS 和 SINS/VEL 重力测量方法得出的结果进行位置修正和交叉对比分析,探索得到更优的车载重力测量结果。提出了 SINS/GNSS/VEL 车载重力测量集中式滤波方法和联邦滤波方法对车载试验多源数据进行处理,两种方法均对提高重力测量精度有所帮助,最后总结了一套适用于车载重力测量的试验操作流程与数据综合处理方法,在保证试验成功率的基础上尽可能提高重力测量的精度。

附录A “走停式”车载重力测量方法研究

考虑到连续动态测量的车载重力测量试验限制较多,利用测量灵活行驶的特点,可以采用“走停式”重力测量方法对某一地区开展重力测量试验。

A.1 “走停式”车载重力测量试验流程

动基座重力仪属于相对重力仪范畴,测量误差精度在毫伽级左右。对于地势变化不大的地区,重力值也不会有太大的变化,因此适宜选择地形变化较大、重力值变化较大的地区开展“走停式”车载重力测量。选择长沙附近地形变化较大的黑麋峰森林公园地区,该地区从山底到山顶大约有300m的高度变化,在海拔高度变化较大的影响下,重力数值会发生较大变化,预计在该地区开展“走停式”重力测量试验效果比较明显。

“走停式”车载重力测量试验的流程有以下步骤:

(1) 将捷联式重力仪安装在试验车上(图A.1),从冷启动开机经过充分预热,达到可以稳定工作的状态;将高精度地面重力仪CG-5开机,进行充分预热。

图A.1 黑麋峰“走停式”重力测量试验装备

（2）出发前检查试验设备，确保系统工作正常。

（3）车辆发动，沿事先规划的路线前进，经过预定测量点，人员下车，捷联式重力仪采集静态数据 5min；使用 CG-5 地面重力仪对该地点进行重力参考点的测量，以其测量结果作为捷联式重力仪“走停式”测量的重力基准点。

（4）对每个测量点进行多次测量，测量结束后返回原来的试验地点，设备关机。

（5）对测量数据进行处理，计算得到重力测量结果。

A.2 “走停式”车载重力测量试验数据处理

在每个停车点，均有 CG-5 地面重力仪的测量值作为重力基准值，设有 $N+1$ 个重力基准点，每个基准值为 $g_j^0(j=1,2,\cdots,N+1)$，出发点（学院前坪）的重力基准值为 g_1^0。在每个测试点的捷联式重力仪测量值为 $g_j(j=1,2,\cdots,N+1)$，于是重力场增量测量误差均方差为

$$\sigma_{\Delta g}=\sqrt{\frac{1}{N-1}\sum_{j=1}^{N}\left[(g_{j+1}-g_1)-(g_{j+1}^0-g_1^0)\right]^2} \tag{A.1}$$

以 2017 年 8 月在黑麋峰地区开展的“走停式”重力测量试验为例，由于采取的是相对重力测量方式，选择出发前的测量点（学校）作为重力测量起点，其后测量的每个点的测量值都与第一个点作差值获取重力增量值，具体试验记录如表 A.1 所列。

表 A.1 测量点位置说明

编号	测量地点	海拔高度/m	CG-5 参考值/mGal	测量值
1	学校	63	4161.595	0.00
2	山脚牌坊	44	4163.106	1.51
3	景区售票处	190	4135.037	-26.56
4	半山腰停车场	271	4114.467	-47.13
5	山顶停车场	411	4090.272	-71.32

试验路线如图 A.2 所示。

按照试验步骤，对测量点进行“走停式”车载重力测量，经过数据处理，得到的重力测量值如图 A.3 所示。

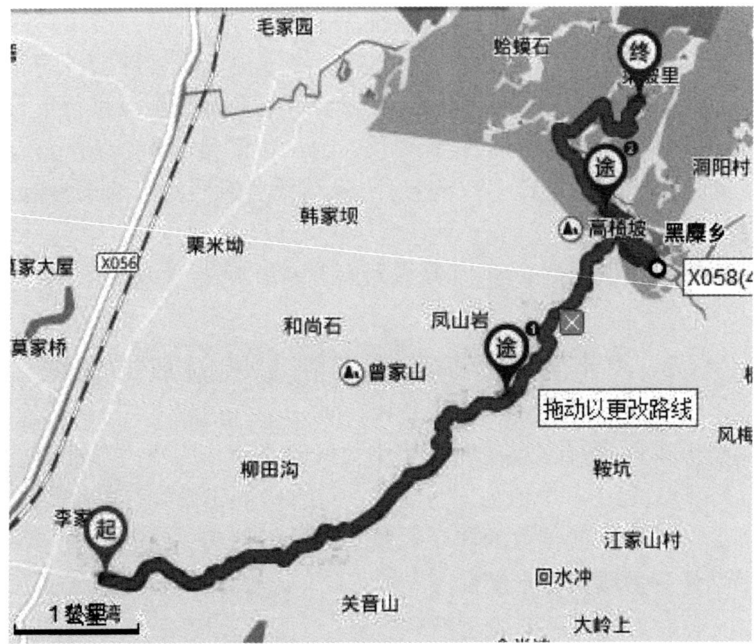

图 A.2　黑麋峰“走停式”重力测量试验路线

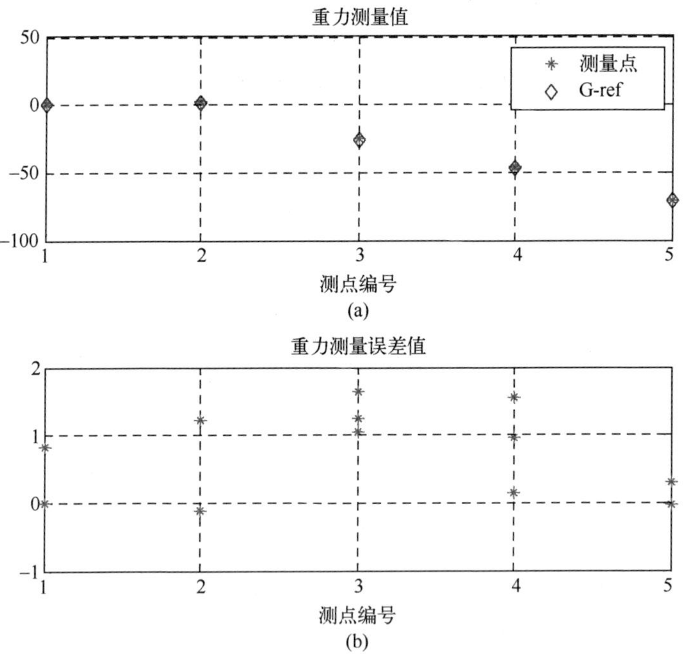

图 A.3　黑麋峰重力测量结果

重力测量的详细结果如表 A.2 所列。

表 A.2 “走停式”重力测量结果(单位:mGal)

测点编号	时间	重力仪测量值	误差
1	12:50	0.00	0
2	13:57	2.74	1.23
3	14:18	-25.32	1.24
4	14:35	-45.57	1.56
5	14:50	-71.34	-0.02
4	15:13	-46.99	0.14
3	15:26	-25.51	1.05
4	15:40	-46.17	0.96
5	15:55	-71.02	0.30
3	17:17	-24.92	1.64
2	17:44	1.39	-0.12
1	19:05	0.83	0.83
综合误差	平均值:0.73mGal 标准差:0.64mGal		

由表 A.2 可以看出,使用重力仪单次测量的精度(平均值)为 0.73mGal,标准差为 0.64mGal。将每个测量点的多次测量值取平均,得到最终的测量点重力测量值,各测量点平均误差为 0.66mGal,标准差为 0.45mGal。

“走停式”车载重力测量原理简单,试验操作便利,可以对设备测量精度进行初步的检验。从该次“走停式”车载重力测量结果来看,重力仪设备工作正常,定点静态测量精度优于 0.7mGal,可以满足一般地质普查的要求。但是,“走停式”车载重力测量也有不足之处。首先,测量效率比较低下。试验车走走停停,人力、物力耗费较大。其次,对测量环境限制较多。测量精度受测区环境影响较大,测量过程中需要尽量保持静态,静态测量的过程中一旦有车辆路过或受到其他干扰,那么测量精度会严重下降。在本次试验中景区售票处的测量点(编号 3),就是由于来往车辆较多,人员走动频繁导致测量误差普遍偏大;而在山顶停车场处空旷无人、车辆稀少,多次测量结果精度普遍较高。这也在一定程度上从正反两面印证了开展“走停式”车载重力测量需要安静测量环境的结论。还有,适用范围较窄。由于相对重力仪的极限精度限制以及试验过程中对测量环境的较高要求,“走停式”重力测量一般适合在地形变化较大、重力值变化较大的地区开展试验,在重力值变化不明显的地区,重力变化与测量误差在同一等级(毫伽级),“走停式”车载重力测量结果不会理想。要想进一步提高“走停式”车载重力测量精度,除了对测量环境有更高要求和限制外,还需要在提高惯性器件的测量精度、重力仪高精度温度控制、漂移改正和重力信号滤波处理等方面做出更多的努力。

说明:本书主要是对连续动态车载重力测量展开研究,作为车载重力测量的一种特殊形式,选择将“走停式”车载重力测量的内容安排在附录部分。实际上,“走停式”车载重力测量应用广泛:一是测量精度较高、操作简单便利;二是测点位置清晰明了,非常适合发射点的单点加密测量,是一种非常重要的车载重力测量手段之一,值得另外进行更深入的系统研究。

附录 B 捷联式车载重力仪测量系统简介

在“十一五”研制出具有完全自主知识产权的捷联式航空重力仪原理样机 SGA-WZ01 基础上，国防科技大学继续进行技术攻关，在硬件设计、软件开发、系统集成及数据处理与应用方面积累了丰富实践经验，于 2014 年成功研制出新一代捷联式重力仪 SGA-WZ02 测量系统，如图 1.5(a)所示。

SGA-WZ02 捷联式重力仪系统主要由硬件系统和数据处理软件两大部分组成，其系统构成如图 B.1 所示。

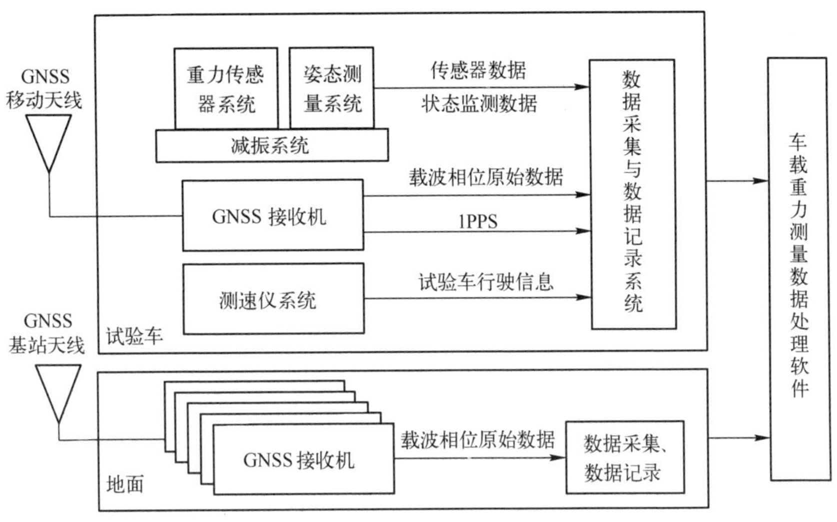

图 B.1 SGA-WZ02 捷联式重力仪系统构成示意图

在该重力仪中，硬件系统主要由重力传感器、姿态测量、减振模块、测速仪、GNSS 接收机和数据采集等子系统组成，软件系统通过将采集、记录的重力仪原始数据信息进行处理，获得最终的重力测量结果。重力传感器子系统的核心器件为国产高精度石英挠性加速度计，三只加速度计两两正交安装，采用电流/频率(I/F)转换电路实现模数转换，将加速度计输出的电流信号转换为脉冲频率信号，实现加速度计的数据信号采集功能。由于重力传感器是测量比力信息的核心传感器，器件的分辨率、精度和稳定性都会直接影响系统的整体精度，而石英挠性加速度计性能受温度影响较大,系统采用了高精度温度控制技术以保证加速度计测量环境温度的稳定保持。姿态测量子系统由三只两两正交安装的导航级激光陀螺组成,将陀螺数据与加速度计输出数据进行惯性导航解算,同时与外部观测传感器构成组合导航系统,实现高精度姿态测量的功能。为了适应车载重力测量的需求,将 GNSS 接收机采集的原始数据和测速仪测量的车辆行驶数据在数据采集与记录系统中进行处理,主要完成重力传感器、姿态传感器、GNSS 数据和测速仪等信号源的时间同步、预滤波、协议转换等操作。系统工作过程中,显控模块输出系统各部分的状态监测信息,方便操作人员实时监测系统的工作状态。

从结构布局来看,重力仪主要包括传感器单元和电气箱单元。传感器单元箱体采用一体化设计方案,为 IMU 提供机械安装位置,提供整体电磁屏蔽空间,并在此箱体内提供对内部器件的一级温控环境。电气箱单元为传感器单元提供电源、温度控制、数据预处理与存储等功能,显示器实时显示设备工作测量状态。GNSS 天线采用磁铁吸附的方式安装在试验车顶,通过射频电缆连接嵌入在电气箱内部的 GNSS 接收机,接收机输出的 1PPS 秒脉冲信号实现重力仪各子系统信号与数据时间同步的功能。随重力仪配置的便携式不间断电源(UPS)可以在车载电源与地面电源切换的过程中维持重力仪的持续工作,从而保证了重力仪实现静态预热状态到动态测量工作状态的便捷切换,确保重力仪可以长期不断电工作,保持重力仪各系统工作的稳定性[87]。

附录 C　地面重力数据参考场的建立

考虑车载重力测量的实际应用环境,在同一条测线上进行多次测量以评估内符合精度是比较现实的办法。同时,使用高精度地面静态测量构建测线上的地面重力场参考数据以评估外符合精度,也是一种检验重力测量结果有效性的实用方法。在不久的将来,随着车载重力测量设备与数据处理技术的不断成熟发展,纵横交错的地面路网均可得到有效重力数据,那么通过整个路网交叉点不符值的精度评估,可以有效衡量一片区域的重力场测量精度,这将为国家重力场建设、区域重力场精细化提供有效的数据支撑。

外符合精度可以对重力仪系统的准确性进行有效评估,因此建立重力数据参考场具有非常重要的现实意义。接下来以开展过车载重力测量试验的一段公路为例,阐述利用高精度重力仪 CG-5 建立扰动重力参考数据的方法(图 C.1)。

图 C.1　正在野外工作的 CG-5 地面重力仪

高精度扰动重力参考数据的建立主要采用 CG-5 高精度地面重力仪。先得利(Scintrex)公司从 1999 年开始地面重力仪的研制工作,在连续兼并了以生产零长弹簧著称的 LaCoste&Romberg 公司和以生产绝对重力仪著称的 Micro-g 公司后，LaCoste&Romberg-Scintrex 集团(LRS)于 2003 年宣布成立并发布重力测量相关产品。公司的产品主要包括相对重力仪(g-Phone 型台站式和 CG-5 流动式)、绝对重力仪、井中重力仪、航空重力仪、海洋重力仪等。其中最有代表性的高精度地面重力仪是 CG-5 型重力仪，该产品的销售遍及世界各国，成为国际国内区域重力调查、矿藏及油气勘探的主流工具，占全球市场份额的 90%以上[138,139]。

CG-5 高精度重力仪的特点有：

(1) 传感器采用整体熔凝抗静电石英，坚固稳定、无须校正，抗冲击。

(2) 操作方便、界面友好，精确自动测量，采样率可调节。

(3) 携带运输便捷。

(4) 倾斜自动补偿及修正、智能自动去噪、地震降噪滤波功能。

(5) 基本不受环境温度、大气压力、磁场影响。

(6) 三级温控设置，温漂自动校正。

CG-5 地面重力仪的具体性能指标如表 C.1 所列。

表 C.1　CG-5 地面重力仪的具体性能指标

传感器类型	无静电熔凝石英	电池容量	2×6Ah(锂电池)
读数分辨率	1μGal	功耗	25℃时 4.5W
标准差	<5μGal	工作温度	-40～+45℃
测量范围	8000mGal	环境温度修正	通常 0.2μGal/℃
长期漂移(静态)	<0.02mGal/day	大气压力修正	通常 0.15μGal/kPa
自动补偿倾斜范围	±200″	磁场修正	通常 1μGal/Gauss
波动范围	20g 以上的冲击，通常<5μGal	内存	闪存技术，1～12MB
自动修正	潮汐、仪器倾斜、温度、噪声	数据输出	USB、RS-232 接口
尺寸	300mm×210mm×220mm	显示器	1/4 VGA 320×240
质量(含电池)	8kg	充电器电压	110/240V(AC)

CG-5 地面重力仪易于操作，工作时静止在测量地点，可以在 6min 内完成对一个点的测量。在稳定工作状态下，CG-5 重力仪的测量精度优于 10μGal (0.01mGal)，预期捷联式车载重力仪的测量精度和分辨率约为 1～2mGal/1～2km，又考虑到重力信号的低频特性，CG-5 重力仪测得的数据精度足以满足作为外部参考数据的要求。为了评估重力仪测量结果的准确性，在测线上每隔 1km 进行测量，总共得到 34 个位置的重力参考数据值，测试点位置如图 C.2 所示。

将测得的重力数据建立参考数据序列，主要分以下几个步骤：

(1) 将 CG-5 重力仪提前预热，漂移校正检查无误，设备进入正常稳定的工作状态。

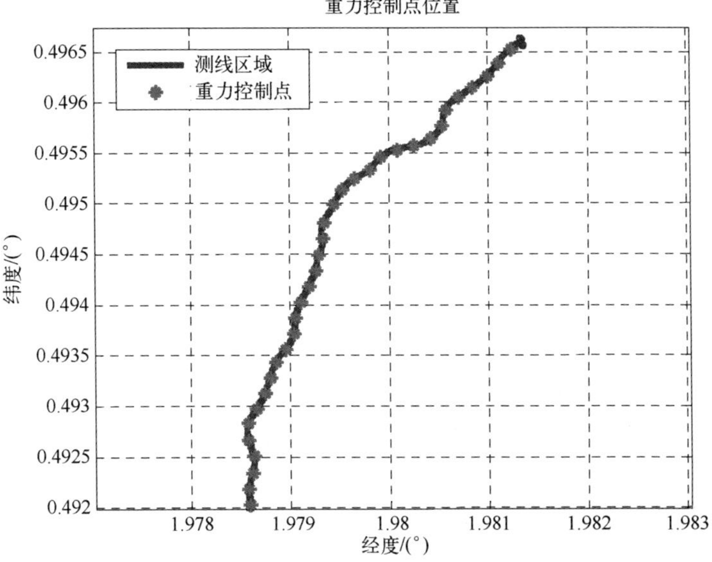

图 C.2 测线公路上的重力参考点测量位置

(2) 在已知绝对重力 G_0 基点(Ⅱ级重力控制点,位于实验室)位置使用 CG-5 重力仪进行测量,得到测量值 R_0。通过建立 G_0 与 R_0 的对应关系,消除 CG-5 重力仪读数与绝对重力值之间的系统误差。

(3) 使用 CG-5 重力仪对沿线测点进行测量,记录每个测点位置信息 L_i, λ_i, $h_i(i=1,2,\cdots,n)$ 和重力测量值 $R_i(i=1,2,\cdots,n)$,每个测量点位置间隔约为 1km。

(4) 利用第(1)步中 G_0 与 R_0 的对应关系将第二步测得的各测量值 $R_i(i=1,2,\cdots,n)$(相对重力值)换算为绝对重力值 $G_i(i=1,2,\cdots,n)$,即有 $G_i=G_0+R_0-R_i(i=1,2,\cdots,n)$。

(5) 对测线上的绝对重力值系列点 $G_i(i=1,2,\cdots,n)$ 进行插值处理,得到高分辨率、带有位置信息的绝对重力参考数据集 $\boldsymbol{G}'$。

(6) 由正常重力公式(式 2.12)计算与绝对重力对应位置、等分辨率的正常重力数据集 $\boldsymbol{\gamma}$。

(7) 计算该测线上扰动重力参考值数据 $\Delta\boldsymbol{g}=\boldsymbol{G}'-\boldsymbol{\gamma}$。

通过以上步骤,可以计算得到该条测线上的高精度高分辨率扰动重力数据集,从此以后,在该条测线上进行的多次车载试验结果均可由此重力参考数据进行外符合精度的评估。本书其他车载试验测线上建立的地面重力控制参考点也是采用上述方法建立。

参考文献

[1] 管泽霖,宁津生. 地球形状及外部重力场[M]. 北京:测绘出版社,1981.

[2] 胡明城. 现代大地测量学的理论及其应用[M]. 北京:测绘出版社,2003.

[3] 黄谟涛,翟国君,管铮. 海洋重力场测定及其应用[M]. 北京:测绘出版社,2005.

[4] 王妙月. 勘探地球物理学[M]. 北京:地震出版社,2003.

[5] Thompson L G D. Airborne gravity meter test[J]. Journal of Geophysical Research,1959,64(4):488-488.

[6] Sneeuw N, Gerlach C, Mfiller J, et al. Fundamentals and Applications of the Gravity Field Mission GOCE. Towards all Integrated Global Geodetic Observing System(IGGOS)[C]// Proceedings of the IAG Section II Symposium, Munich, Germany, 1998.

[7] 欧阳永忠. 海空重力测量数据处理关键技术研究[J]. 测绘学报,2014,43(4):435-435.

[8] Kern M. An analysis of the combination and downward continuation of satellite, airborne and terrestrial gravity data[D]. Calgary:University of Calgary,2003.

[9] Tziavos I N, Andritsanos V D, Forsberg R, et al. Numerical investigation of downward continuation methods for airborne gravity data[M]. Berlin Heidelberg:Springer,2005.

[10] 邓凯亮,暴景阳,黄谟涛,等. 航空重力数据向下延拓的Tikhonov正则化法仿真研究[J]. 武汉大学学报(信息科学版),2010(12):1414-1417.

[11] 黄谟涛,欧阳永忠,刘敏,等. 海域航空重力测量数据向下延拓的实用方法[J]. 武汉大学学报(信息科学版),2014,39(10):1147-1152.

[12] 孙文,吴晓平,王庆宾,等. 航空重力数据向下延拓的波数域迭代Tikhonov正则化方法[J]. 测绘学报,2014(6):566-574.

[13] 翟振和,李楠. 基于地面重力基准数据的航空重力数据向下延拓[J]. 测绘科学,2009(s1):29-30.

[14] 李显. 航空重力测量中运动加速度的高精度估计方法研究[D]. 长沙:国防科学技术大学,2013.

[15] Lacoste L. Lacoste and Romberg Stabilized Platform Shipboard Gravity Meter[J]. Geophysics, 1967, 32(1):99.

[16] Bastos L, Cunha S, Forsberg R, et al. On the use of airborne gravimetry in gravity field modelling:Experiences from the AGMASCO project[J]. Physics & Chemistry of the Earth Part A Solid Earth & Geodesy, 2000,25(1):1-7.

[17] Brozena J M. A preliminary analysis of the NRL airborne gravimetry system[J]. Geophysics,1984,49(7): 1060-1069.

[18] Brozena J M. The Greenland Aerogeophysics Project-Airborne gravity, topographic and magnetic mapping of an entire continent[M]// From Mars to Greenland: Charting Gravity With Space and Airborne Instruments. New York Springer,1992.

[19] Brozena Jm, Childers Va J B. Applications of Airborne Gravity and Sea Surface Topography to Coastal Oceanography[C]// Proceedings of the IAG International Symposium on Gravity, Geoid and Geodynamics Banff, Canada,2000.

[20] Brozena Jm, Eskinzes Jg, Jd. C. Hardware Design for a Fixed-Wing Airborne Gravity Measurement System [R]. Washington DC: Naval Research Laboratory, 1986.

[21] Brozena Jm, Mf P. State-of-the-art Airborne Gravimetry[C]// Proceedings of the Gravity and Geoid: Joint Symposium of the International Gravity Commission and the International Geoid Commission, Austria, Springer, Berlin, 1994.

[22] Brozena Jm, Peters Mf, R. S. Arctic Airborne Gravity Measurement Program[C]// Proceedings of the International Symposium Gravity, Geoid and Marine Geodesy(GraGeoMar96), Tokyo, Springer-Verlag, 1996.

[23] Brozena J M, Peters M F, Salman R. Arctic Airborne Gravity Measurement Program[M]. Berlin Heidelberg: Springer, 1997: 131-138.

[24] Forsberg R, Hehl K, Bastos L, et al. Development of an Airborne Geoid Mapping System for Coastal Oceanography(AGMASCO)[M]. Berlin Heidelberg: Springer, 1997.

[25] Forsberg R, Olesen A V, Keller K. Airborne gravity survey of the North Greenland continental shelf[M]. Berlin Heidelberg: Springer, 2001.

[26] Hein G W, Hehl K, Landau H, et al. Experiments for an integrated precise airborne navigation and gravity recovery system[C]// Proceedings of the Position Location and Navigation Symposium, 1990 Record The 1990's-A Decade of Excellence in the Navigation Sciences IEEE PLANS '90, IEEE, 1990.

[27] Klingelé E E, Cocard M, Kahle H G, et al. Kinematic GPS as a source for airborne gravity reduction in the airborne gravity survey of Switzerland[J]. Journal of Geophysical Research Atmospheres, 1997, 102(B4): 7705-7716.

[28] Olesen A V, Forsberg R, Kearsley A H W. Great Barrier Reef Airborne Gravity Survey(BRAGS'99). A gravity survey piggybacked on an airborne bathymetry mission[M]. Berlin Heidelberg: Springer, 2000.

[29] Olesen A V, Forsberg R, Keller K, et al. Airborne gravity survey of Lincoln sea and Wandel Sea, North Greenland[J]. Physics & Chemistry of the Earth Part A Solid Earth & Geodesy, 2000, 25(25): 25-29.

[30] Sproule D M, Kearsley A H W, Higgins M B. Impact of BRAGS'99 Airborne Gravimetric Data on Geoid Computations in Australia, and Possibilities for Utilisation of Bathymetric Information[M]. Berlin Heidelberg: Springer, 2001.

[31] Verdun J, Bayer R, Klingele E E, et al. Airborne gravity measurements over mountainous areas by using a LaCoste & Romberg air-sea gravity meter[J]. Geophysics, 2002, 67(3): 807-816.

[32] Verdun J, Klingelé E E. Airborne gravimetry using a strapped-down LaCoste and Romberg air/sea gravity meter system: a feasibility study[J]. Geophysical Prospecting, 2005, 53(1): 91-101.

[33] Verdun J, Klingelé E E, Bayer R, et al. The alpine Swiss-French airborne gravity survey[J]. Geophysical Journal International, 2003, 152(1): 8-19.

[34] Bell R E, Watts A B. Evaluation of the BGM-3 sea gravity meter system onboard R/V Conrad[J]. Geophysics, 1986, 51(7): 67-72.

[35] Bell R E, Watts A B, Lacoste L. On: "Evaluation of the BGM-3 sea gravity meter system onboard R/V Conrad" discussion and reply[J]. Geophysics, 1987, 52(5): 697-697.

[36] Cochran J R, Fornari D J, Coakley B J, et al. Continuous near-bottom gravity measurements made with a BGM-3 gravimeter in DSV Alvin on the East Pacific Rise crest near 9°31′N and 9°50′N[J]. Journal of Geophysical Research Solid Earth, 1999, 104(B5): 10841-10861.

[37] Bell R E, Coakley B J, Stemp R W. Airborne gravimetry from a small twin engine aircraft over the Long Is-

land Sound[J]. Geophysics,1991,56(9):1486-1493.

[38] Zhao-Feng G U,Zhang Z X,Yang H L,et al. The Static Measurement Result of KSS 31M Marine Gravimeter and its Analysis[J]. Hydrographic Surveying & Charting,2005.

[39] 付永涛,王先超,谢天峰. KSS31M 型海洋重力仪动态性能的分析[C]// Proceedings of the 海洋测绘综合性学术研讨会,2006.

[40] 廖开训,徐行. KSS31 海洋重力仪的长期零点漂移特征[J]. 海洋测绘,2015,35(3):32-35.

[41] 王秀东,王真,王先超,等. KSS31M 型海洋重力仪阻尼延迟时间修正后对重力测网精度的影响[J]. 海洋通报,2010,29(3):320-323.

[42] Krasnov A,Sokolov A. Two-Axis Gyroplatform for the Air-Sea Gravimeter[C]// Proceedings of the International Symposium on Inertial Technology and Navigation,2010.

[43] Krasnov A A,Sokolov A V,Elinson L S. A new air-sea shelf gravimeter of the Chekan series[J]. Gyroscopy & Navigation,2014,5(3):131-137.

[44] Stelkens-Kobsch T H. The Airborne Gravimeter Chekan -A at the Institute of Flight Guidance(IFF)[M]. Berlin Heidelberg:Springer,2005.

[45] Stelkens-Kobsch T H. Further Development of a High Precision Two-Frame Inertial Navigation System for Application in Airborne Gravimetry[M]. Berlin Heidelberg:Springer,2006.

[46] Zheleznyak L K,Koneshov V N,Krasnov A A,et al. The results of testing the Chekan gravimeter at the Leningrad gravimetric testing area[J]. Izvestiya Physics of the Solid Earth,2015,51(2):315-320.

[47] Sokolov A. High Accuracy Airborne Gravity Measurements. Methods and Equipment[C]// Proceedings of the World Congress,2011.

[48] 王静波,熊盛青,周锡华,等. 航空重力测量系统研究进展[J]. 物探与化探,2009,33(4):368-373.

[49] Ferguson S T,Hammada Y. Experiences with AIRGrav:Results from a New Airborne Gravimeter[J].International Association of Geodesy Symposia,2000,123:211-216.

[50] Argyle M,Ferguson S,Sander L,et al. AIRGrav results:A comparison of airborne gravity data with GSC test site data[J]. Leading Edge,2000,19(10):1134-1138.

[51] Sander L,Bates M,Elieff S. High resolution AIRGrav surveys:Advances in hydrocarbon exploration,mineral exploration and geodetic applications[J]. Clinical Neurophysiology Official Journal of the International Federation of Clinical Neurophysiology,2010,115(12):2667-2676.

[52] Sander S,Elieff S H P,Sander L. Accuracy of SGL's AIRGrav airborne gravity system from the Kauring test site and results from a regional hydrocarbon exploration survey[C]// Proceedings of the International Workshop and Gravity,Electrical & Magnetic Methods and Their Applications,Chenghu,China,19-22 April,2015.

[53] Studinger M,Bell R,Frearson N. Comparison of AIRGrav and GT-1A airborne gravimeters for research applications[J]. Geophysics,2008,73(6):151.

[54] Bolotin Y V,Yurist S S. Suboptimal smoothing filter for the marine gravimeter GT-2M[J]. Gyroscopy & Navigation,2011,2(3):152.

[55] Smoller Y L,Yurist S S,Golovan A A,et al. Using a multiantenna GPS receiver in the airborne gravimeter GT-2a for surveys in polar areas[J]. Gyroscopy & Navigation,2015,6(4):299-304.

[56] 蔡劭琨. 航空重力矢量测量及误差分离方法研究[D]. 长沙:国防科学技术大学,2014.

[57] Wei M. Intermap's Airborne Inertial Gravimetry System[M]. Berlin Heidelberg:Springer,2012.

[58] Bruton A M. Improving the Accuracy and Resolution of SINS/DGPS Airborne Gravimetry[D]. Calgary:University of Calgary,2000.

[59] Glennie C,Schwarz K P. A comparison and analysis of airborne gravimetry results from two strapdown inertial/DGPS systems[J]. Journal of Geodesy,1999,73(6):311-321.

[60] Glennie C L,Schwarz K P,Bruton A M,et al. A comparison of stable platform and strapdown airborne gravity[J]. Journal of Geodesy,2000,74(5):383-389.

[61] Schwarz K P,Glennie C. Improving Accuracy and Reliability of Airborne Gravimetry by Multiple Sensor Configurations[M]. Berlin Heidelberg:Springer,1998.

[62] Schwarz K P,Kern M,Nassar S. Estimating the Gravity Disturbance Vector from Airborne Gravimetry [C]// Proceedings of the International Association of Geodesy Symposia,2001.

[63] Schwarz K P,Wei M. Some Unsolved Problems in Airborne Gravimetry [M]. Berlin Heidelberg: Springer,1995.

[64] Wei M,Schwarz K P. Comparison of Different Approaches to Airborne Gravimetry by Strapdown INS/DGPS [M]. Berlin Heidelberg:Springer,1997.

[65] Wei M,Schwarz K P. Flight test results from a strapdown airborne gravity system[J]. Journal of Geodesy, 1998,72(6):323-332.

[66] Wei M,Tennant J K. STAR-3 i Airborne Gravity and Geoid Mapping System[M]. Berlin Heidelberg: Springer,2001.

[67] 黄杨明. 高精度捷联式航空重力仪误差估计方法研究[D]. 长沙:国防科学技术大学,2013.

[68] Jekeli C. Vector gravimetry using GPS in free-fall and in an Earth-fixed frame[J]. Bulletin Géodésique, 1992,66(1):54-61.

[69] Jekeli C. Balloon gravimetry using GPS and INS[J]. IEEE Aerospace & Electronic Systems Magazine, 1992,7(6):9-15.

[70] Jekeli C. Airborne vector gravimetry using precise,position-aided inertial measurement units[J]. Bulletin Géodésique,1994,69(1):1-11.

[71] Li X, Moving Base INS/GPS Vector Gravimetry on a Land Vehicle[R]. The ohio stute university, USA,2007.

[72] Li X. Comparing the Kalman filter with a Monte Carlo-based artificial neural network in the INS/GPS vector gravimetric system[J]. Journal of Geodesy,2009,83(9):797-804.

[73] Li X,Jekeli C. Ground-vehicle INS/GPS vector gravimetry[J]. Geophysics,2008,73(2)1-10.

[74] 熊盛青. 我国航空重磁勘探技术现状与发展趋势[J]. 地球物理学进展,2009,24(1):113-117.

[75] 孙中苗. 航空重力测量理论、方法及应用研究[D]. 郑州:解放军信息工程大学,2004.

[76] 孙中苗,夏哲仁,石磐. 航空重力测量研究进展[J]. 地球物理学进展,2004,19(3):492-496.

[77] 孙中苗,夏哲仁,石磐,等. 轻小型固定翼飞机的航空重力测量[C]// Proceedings of the 大地测量与地球动力学进展论文集,2004.

[78] 张开东. 基于 SINS/DGPS 的航空重力测量方法研究[D]. 长沙:国防科学技术大学,2007.

[79] Hwang C,Guo J,Deng X,et al. Coastal Gravity Anomalies from Retracked Geosat/GM Altimetry:Improvement,Limitation and the Role of Airborne Gravity Data[J]. Journal of Geodesy,2006,80(4):204-216.

[80] Hwang C,Hsiao Y S,Shih H C,et al. Geodetic and geophysical results from a Taiwan airborne gravity survey:Data reduction and accuracy assessment[J]. Journal of Geophysical Research Solid Earth,2007,112

(B4):148-227.

[81] Chiang K W, Lin C A, Kuo C Y. A Feasibility Analysis of Land-Based SINS/GNSS Gravimetry for Groundwater Resource Detection in Taiwan[J]. Sensors, 2015, 15(10):25039-25054.

[82] Huang Y, Olesen A V, Wu M, et al. SGA-WZ: a new strapdown airborne gravimeter[J]. Sensors, 2012, 12(7):9336.

[83] Zhang K, Wu M, Cao J. The Status of Strapdown Airborne Gravimeter SGA-WZ[C]// Proceedings of the International Symposium on Inertial Technology and Navigation, 2010.

[84] Cai S, Zhang K, Wu M, et al. Long-Term Stability of the SGA-WZ Strapdown Airborne Gravimeter[J]. Sensors, 2012, 12(8):11091-11099.

[85] Cao J, Wang M, Cai S, et al. Optimized Design of the SGA-WZ Strapdown Airborne Gravimeter Temperature Control System[J]. Sensors, 2015, 15(12):29984-29996.

[86] Zhao L, Forsberg R, Wu M, et al. A Flight Test of the Strapdown Airborne Gravimeter SGA-WZ in Greenland[J]. Sensors, 2015, 15(6):13258-13269.

[87] 于瑞航,蔡劭琨,吴美平,等. 基于 SINS/GNSS 的捷联式车载重力测量研究[J]. 物探与化探,2015, 39(b12):67-71.

[88] 蔡劭琨,吴美平,张开东,等. 经验模分解在动态重力测量数据处理中的应用[J]. 海洋测绘,2015, 35(4):7-10.

[89] 邹欣蕾,蔡劭琨,吴美平,等. 基于经验模态分解的航空重力测量动态误差分离[J]. 物探与化探, 2016,40(6):1217-1221.

[90] 吴美平,周锡华,曹聚亮,等. 一种采用"捷联+平台"方案的新型航空重力仪[J]. 导航定位与授时, 2017(4):47-53.

[91] 宁津生,黄谟涛,欧阳永忠,等. 海空重力测量技术进展[J]. 海洋测绘,2014,34(3):67-72.

[92] 欧阳永忠,邓凯亮,陆秀平,等. 多型航空重力仪同机测试及其数据分析[J]. 海洋测绘,2013, 33(4):6-11.

[93] 张子山. GDP-1 型重力仪船载试验介绍[C]// Proceedings of the 2014 年惯性技术发展动态发展方向研讨会,2014.

[94] 李东明,郭刚,薛正兵,等. 激光捷联惯导车载重力测量试验[J]. 导航与控制,2013,12(4):75-78.

[95] 李东明,郭刚,薛正兵,等. 捷联式移动平台重力仪地面测试结果[J]. 导航定位与授时,2015, 2(2):59-62.

[96] 罗骋,薛正兵,李东明,等. 捷联式重力仪在海洋测量中的应用与数据处理[J]. 导航定位与授时, 2017,4(4):36-42.

[97] 王淑娟,吴广玉. 惯性器件温度误差补偿方法综述[J]. 中国惯性技术学报,1998,(3):44-49.

[98] Hopfield H S. Two-quartic tropospheric refractivity profile for correcting satellite data[J]. Journal of Geophysical Research, 1969, 74(18):4487-4499.

[99] 严恭敏. 车载自主定位定向系统研究[D]. 西安:西北工业大学,2006.

[100] 严恭敏,秦永元,马建萍. 惯导/里程仪组合导航系统算法研究[J]. 计算机测量与控制,2006, 14(8):1087-1089.

[101] 张红良. 陆用高精度激光陀螺捷联惯导系统误差参数估计方法研究[D]. 长沙:国防科学技术大学,2010.

[102] 白亮,秦永元,严恭敏,等. 车载航位推算组合导航算法研究[J]. 计算机测量与控制,2010,

18(10):2379-2381.

[103] 付强文,秦永元,周琪. 改进量测的车载捷联惯导/里程计组合导航算法[J]. 测控技术,2013,32(7):134-137.

[104] 李同安. 基于 DSP 的激光陀螺捷联惯导系统实时实现方法研究[D]. 长沙:国防科学技术大学,2007.

[105] 李万里. 车载组合导航自适应滤波及抗野值算法研究[D]:长沙:国防科学技术大学,2008.

[106] 刘玉新. 基于信息融合的车载组合导航系统研制[D]. 北京:北京工业大学,2003.

[107] 罗强力,韩军海. 基于递推最小二乘法的捷联惯导与里程计组合导航系统标定[J]. 导弹与航天运载技术,2014(1):29-33.

[108] 卫育新,白俊卿. 车载 SINS/DR 组合导航系统的在线标定方法[J]. 中国惯性技术学报,2009,17(6):651-653.

[109] 翁浚,成研,秦永元,等. 车辆运动约束在 SINS/OD 系统故障检测中的应用[J]. 中国惯性技术学报,2013(3):406-410.

[110] 肖乾. 多传感器组合导航系统信息融合技术研究[D]. 哈尔滨:哈尔滨工程大学,2005.

[111] 肖烜,王清哲,程远,等. 捷联惯导系统/里程计高精度紧组合导航算法[J]. 兵工学报,2012,33(4):395-400.

[112] 徐田来. 车载组合导航信息融合算法研究与系统实现[D]. 哈尔滨:哈尔滨工业大学,2007.

[113] 杨波,王跃钢,彭辉煌. 基于捷联惯导/里程计的车载高精度定位定向方法研究[J]. 计算机测量与控制,2011,19(10):2501-2503.

[114] 张三同,魏宸官. 车辆组合导航的新方法[J]. 北京理工大学学报,1999,19(1):44-49.

[115] 蔡劭琨,张开东,吴美平,等. 基于 SINS/DGPS 的捷联式航空重力矢量测量[J]. 海洋测绘,2015,35(3):24-28.

[116] 孙中苗,石磐,夏哲仁,等. 利用 GPS 和数字滤波技术确定航空重力测量中的垂直加速度[J]. 测绘学报,2004,33(2):110-115.

[117] 孙中苗,夏哲仁,肖云. GPS 确定垂直加速度的方法比较与分析[C]// Proceedings of the 中国地球物理学会年会,2003.

[118] 张庆涛,肖云. GPS 在航空重力测量中的应用[J]. 测绘技术装备,2005,7(2):33-34.

[119] 孙中苗,夏哲仁,肖云,等. 航空重力测量的偏心改正[J]. 武汉大学学报(信息科学版),2003,28(s1):65-68.

[120] 郭志宏,熊盛青,周坚鑫,等. 航空重力重复线测试数据质量评价方法研究[J]. 地球物理学报,2008,51(5):1538-1543.

[121] 秦永元,张洪钺,王叔华. 卡尔曼滤波与组合导航原理.[M],2 版. 西安:西北工业大学出版社,2012.

[122] Yu R,Wu M,Zhang K,et al. A New Method for Land Vehicle Gravimetry Using SINS/VEL[J]. Sensors,2017,17(4):766.

[123] 练军想. 捷联惯导动基座对准新方法及导航误差抑制技术研究[D]. 长沙:国防科学技术大学,2007.

[124] 王慧青,王庆. 车载航位推算系统中传感器参数的在线标定[J]. 测控技术,2008,27(12):21-23.

[125] 吴赛成. 船用高精度激光陀螺姿态测量系统关键技术研究[D]. 长沙:国防科学技术大学,2012.

[126] 朱立彬,王玮. 车辆导航系统中里程计标度因数的自标定[J]. 汽车工程,2013,35(5):472-476.

[127] 白俊卿,卫育新. 联邦滤波器在车载组合导航系统标定中的应用[J]. 计算机测量与控制,2010,18(7):1627-1629.

[128] Carlson N A. Federated filter for fault-tolerant integrated navigation systems[C]// Proceedings of the Position Location and Navigation Symposium, 1988 Record Navigation Into the Century IEEE Plans '88, IEEE, 1988.

[129] Carlson N A, Berarducci M P. Federated Kalman Filter Simulation Results[J]. Navigation, 1994, 41(3): 297-322.

[130] 陈幼珍. 基于联邦滤波位置参考系统信息融合研究[D]. 哈尔滨:哈尔滨工程大学,2012.

[131] 刘瑞华,刘建业. 联邦滤波信息分配新方法[J]. 中国惯性技术学报,2001,9(2):28-32.

[132] 秦永元,牛惠芳. 联邦滤波理论在组合导航系统设计中的应用[J]. 中国惯性技术学报,1997(3):1-5.

[133] 王其,徐晓苏. 多传感器信息融合技术在水下组合导航系统中的应用[J]. 中国惯性技术学报,2007,15(6):667-672.

[134] 余伶俐. 基于联邦滤波的多传感器主动容错估计方法[J]. 中国科技论文,2014,(10):1124-1130.

[135] 袁克非. 组合导航系统多源信息融合关键技术研究[D]. 哈尔滨:哈尔滨工程大学,2012.

[136] 赵静,高山. 多传感器信息融合的车载定位方法的研究[J]. 数字通信,2013,40(4):14-17.

[137] 周姜滨,袁建平,罗建军,等. 基于联邦滤波的 SINS/GPS 全组合导航系统研究[J]. 系统仿真学报,2009,21(6):1562-1564.

[138] Reudink R, Klees R, Francis O, et al. High tilt susceptibility of the Scintrex CG-5 relative gravimeters[J]. Journal of Geodesy, 2014, 88(6):617-622.

[139] Xiao F. Calibrating Dynamic Verification Field Based on CG-5 Gravimeters[J]. Geospatial Information, 2012, 10(4):126-128.